AF648945

ZEITSCHRIFT FÜR ANGEWANDTE GEOLOGIE

HERAUSGEGEBEN VON

DER STAATLICHEN GEOLOGISCHEN KOMMISSION

UND DER ZENTRALEN VORRATSKOMMISSION

DER DEUTSCHEN DEMOKRATISCHEN REPUBLIK

AUS DEM INHALT

AKADEMIE-VERLAG · BERLIN

BAND 7 / HEFT 8
AUGUST 1961
SEITE 385—440

Die ZEITSCHRIFT FÜR ANGEWANDTE GEOLOGIE berichtet ständig ausführlich über folgende Arbeitsgebiete: Geologische Grundlagenforschung und Lagerstättenforschung / Methodik der geologischen Erkundung / Ökonomie und Planung der geologischen Erkundung / Technik der geologischen Erkundung / Geologie und Lagerstättenkunde im Ausland / Bibliographie, Verordnungen, Richtlinien, Konferenzen, Personalnachrichten

Dem Redaktionskollegium gehören an:
Prof. Dipl.-Berging. BÜHRIG, Nordhausen — Prof. Dr. HECK, Schwerin — Prof. Dr. HOHL, Halle (Saale) — Prof. Dr. KAUTZSCH, Berlin — Prof. Dr. LANGE, Berlin — Dr. MEINHOLD, Freiberg (Sa.) — Dr. NOSSKE, Leipzig — Prof. Dr. PIETZSCH, Freiberg (Sa.) — Dr. REH, Jena — Dipl.-Berging.-Geologe STAMMBERGER, Berlin — Prof. Dr. WATZNAUER, Freiberg (Sa.) — Chefredakteur: Prof. Dr. ERICH LANGE, Berlin

Die ZEITSCHRIFT FÜR ANGEWANDTE GEOLOGIE ist kein Organ einer engen Fachgruppe. Auf ihren Seiten können alle strittigen Fragen der praktischen Geologie behandelt werden. Die Autoren übernehmen für ihre Aufsätze die übliche Verantwortung.

ZEITSCHRIFT FÜR ANGEWANDTE GEOLOGIE

CHEFREDAKTEUR: PROF. DR. E. LANGE

BAND 7 · AUGUST 1961 · HEFT 8

Anordnung der Konturen der erdölführenden Zonen im Profil

A. N. SNARSKY, UdSSR, z. Z. Freiberg (Sa.)

Die Veränderung der Erstreckung der Erdölsättigung in den Schichten (Horizonten) der Lagerstätten, oder anders gesagt, die Veränderung des Größenverhältnisses der erdölführenden Zonen, wird häufig als Beweis für die Migration angeführt, ferner als Begründung für die Zahl der Sättigungsphasen, ohne daß die Faktoren, die die Abmessungen des Umrisses der Ölführung in einem gegebenen Horizont bedingen, hinreichend detailliert untersucht werden.

Die Versuche, das Größenverhältnis der erdölführenden Zonen bei einer späteren Förderung auszunutzen, wurden keinesfalls nur zufällig durchgeführt; denn in allen mehrschichtigen Lagerstätten herrscht eine bestimmte Gesetzmäßigkeit des Verlaufs der Konturen der Erdölführung in den einzelnen Schichten.

Im Prinzip sind drei Varianten möglich:

1. In allen Schichten besteht Kongruenz der Konturen der Schichten.
2. Mit zunehmender Teufe tritt eine Einengung der Konturen ein, d. h., der Durchmesser der erdölführenden Zonen verringert sich.
3. Mit zunehmender Teufe tritt eine Erweiterung der Konturen ein.

Die erste Variante wird kaum angetroffen, die anderen beiden treten in mehrschichtigen Lagerstätten miteinander kombiniert auf.

Abb. 1 zeigt die Größenverhältnisse der erdölführenden Zonen produktiver Schichtenfolgen in einigen Lagerstätten der Apscheron-Halbinsel. Um eine Kennziffer für die Größe des Lagers zu bekommen, wurde die räumliche Erstreckung des mit Erdöl gesättigten Teils der obersten erdölführenden Schicht im Profil der Lagerstätte als Einheit gewählt. Die Größen der mit Erdöl gesättigten Zonen in den anderen Schichten wurden im Verhältnis zur Fläche der ersten erdölführenden Schicht dargestellt.

Aus den von vier Feldern (s. Abb. 2) angeführten Daten ist ersichtlich, daß sich sogar innerhalb eines verhältnismäßig kleinen Gebietes der Verlauf der Grenzen der erdölführenden Zonen nicht einheitlich ändert.

Für viele Lagerstätten der Apscheron-Halbinsel ist eine Verkleinerung der Speicher mit zunehmender Teufe kennzeichnend. Wie aus der Lage der Konturen der erdölführenden Schichten von Bibi-Eibat, Kala und Kara-Tschuchur zu ersehen ist, gilt jedoch diese Gesetzmäßigkeit nur für den oberen Teil der produktiven Schichtenfolge. In zahlreichen Lagerstätten wird aber eine solche exakte Anordnung nicht festgestellt.

In Surachany gliedert sich der obere Abschnitt in drei Zonen: Von der Schicht „C“ ab tritt eine Einengung der Konturen der erdölführenden Zonen mit zunehmender Teufe auf, aber bald vergrößert sich der Durchmesser der erdölführenden Speicher wieder und erreicht in der III. und IV. Schicht ein Maximum. Dann verringert er sich mit zunehmender Teufe von neuem, um nach erneuter Vergrößerung in den Schichten „IV cde“ sein Maximum zu erreichen.

Die Abmessungen der erdölführenden Zonen maximaler Ausdehnung stehen in folgendem Verhältnis zueinander: C < III – IV < IV cde.

In Lok-Batan und Puta erweitern sich im allgemeinen die Konturen der erdölführenden Zonen im oberen Abschnitt der produktiven Schichtenfolge mit zunehmender Teufe.

Interessant ist weiterhin, daß der erdölführende Teil des Profils des oberen Abschnitts der produktiven Schichtenfolge von Kala nach Lok-Batan größer wird.

Im unteren Abschnitt der produktiven Schichtenfolge vergrößern sich mit zunehmender Teufe die ölführenden Zonen.

Auf Grund der Anordnung der Konturen der Speicher in der produktiven Schichtenserie folgerten zahlreiche Wissenschaftler:

1. Die Ausdehnung der Erdölführung ist unmittelbar vom Sand-Ton-Verhältnis in den Schichten abhängig.

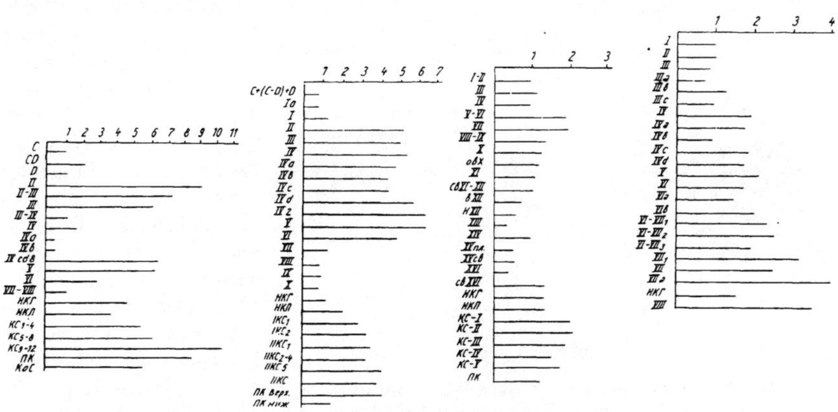

Abb. 1. Größenverhältnisse der erdölführenden Zonen produktiver Schichten in einigen Lagerstätten der Apscheron-Halbinsel (nach K. A. ISMAJLOW)

2. Zwischen der Porosität der Gesteine und der Ausdehnung der erdölführenden Zonen sowie zwischen dem Sandgehalt und der Ausdehnung der erdölführenden Zonen besteht kein gesetzmäßiger Zusammenhang.

3. Infolge der Erdölmigration aus den unteren Abschnitten bildeten sich in den oberen Abschnitten die Erdöllager.

4. Die Bildung der Erdöllager im oberen Abschnitt läßt sich nicht durch Erdölmigration aus dem unteren Abschnitt erklären, wie die unterschiedliche Anordnung der Lager im Profil bestätigt.

Auf das Fehlen einer einheitlichen Methodik der Analyse der tatsächlichen Gegebenheiten weist hin, daß verschiedene Forscher bei gleichen Fakten zu entgegengesetzten Schlüssen kommen. Eine der Ursachen der unterschiedlichen Auslegung der Anordnung der Konturen der erdölführenden Zonen besteht darin, daß die Wissenschaftler nur die Bildung der Lager beachten und nicht ihre Zerstörung berücksichtigen.

Faktoren, die die Verteilung der Erdöllager bedingen

In Abb. 2a ist schematisch die Bildung von Erdöllagern durch laterale Migration dargestellt.

Nehmen wir an, daß die sandig-tonigen erdölführenden Schichten seitlich der Konturen des Lagers in vorwiegend tonige Ablagerungen übergehen und typische Erdölmuttergesteinsfazies bilden und daß im Achsenbereich der sich in der Nähe befindlichen Synklinalen Brüche auftreten, an denen das Erdöl hochsteigen und die Schichten der Antiklinale sättigen kann (Abb. 2d). Weiterhin setzen wir voraus, daß die petrographische Zusammensetzung, die Porosität und die Durchlässigkeit im Bereich der Struktur in allen Schichten gleich ist.

Wenn nun die Bildung des Lagers durch Migration des Erdöls aus dem Muttergestein in die einzelnen übereinanderliegenden Schichten der Falle erfolgt, so werden die erdölführenden Horizonte mit zunehmender Teufe größere Flächen einnehmen, da die tiefer liegenden Schichten größeren Drücken ausgesetzt sind.

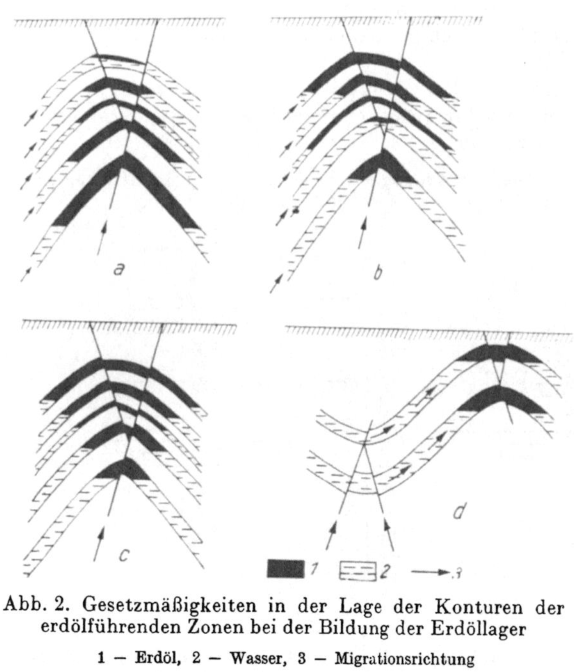

Abb. 2. Gesetzmäßigkeiten in der Lage der Konturen der erdölführenden Zonen bei der Bildung der Erdöllager

1 — Erdöl, 2 — Wasser, 3 — Migrationsrichtung

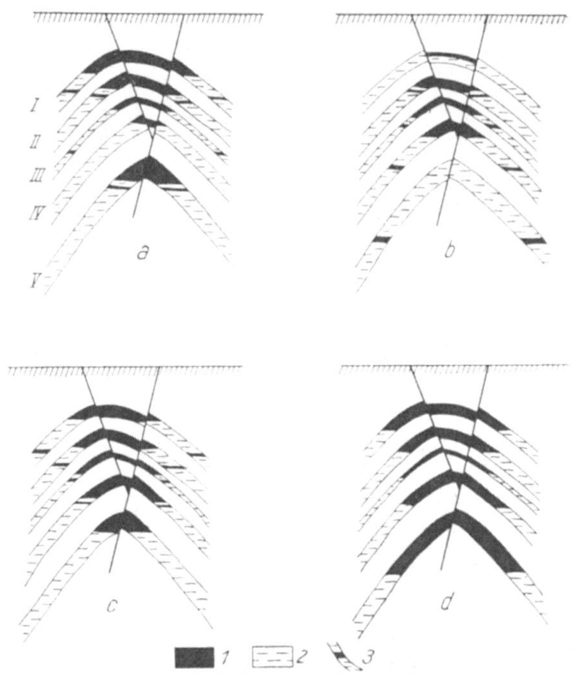

Abb. 3. Gesetzmäßigkeiten in der Lage der Konturen der erdölführenden Zonen bei der Zerstörung der Erdöllager

1 — Erdöl, 2 — Wasser, 3 — ursprüngliche Lage der Konturen der erdölführenden Zone

Ähnlich ist die Lage der Konturen bei Sättigung der Schichten durch Migration des Erdöls an den Verwerfungen der Synklinale.

Eine solche Lage der Konturen der erdölführenden Zonen kann man bei einer gleichmäßigen Zunahme des Sandgehalts im Profil mit zunehmender Lagerungsteufe der Schicht beobachten, z. B. in der Kirmakinsker Folge des unteren Abschnitts der produktiven Schichtenserie auf der Apscheron-Halbinsel.

Abb. 2b zeigt die Ausdehnung der erdölführenden Zonen bei gleichen Migrationsverhältnissen, jedoch bei verschiedener petrographischer Zusammensetzung der Schichten im Profil und somit unterschiedlicher Porosität und Durchlässigkeit.

Die Ausdehnung der Lager in den einzelnen Schichten wird durch ihre Speichergesteinseigenschaften bestimmt. Die durchlässigeren und petrographisch gleichartigen Schichten ergeben größere erdölführende Zonen.

Die durchlässigste, vom Wasser gut durchströmte Schicht enthält fast kein Erdöl. In ihr sammelt sich das Erdöl nur in einzelnen grobkörnigen Sandlinsen, die in den feinkörnigen Sandschichten eingelagert sind.

Aus Abb. 2c ist ersichtlich, daß sich die erdölführenden Zonen in gleichartigen Schichten bei einer Verringerung des spezifischen Gewichts und der Viskosität des Erdöls mit abnehmender Teufe vergrößern.

Bei diesen in Abb. 2a—c dargestellten Möglichkeiten der Bildung von Erdöllagern wird zwar nicht die ganze Mannigfaltigkeit der physikalischen, geologischen und der anderen Verhältnisse berücksichtigt, sie charakterisieren aber die typischsten Fälle.

Betrachten wir nun die Veränderung der Lage der Konturen der erdölführenden Zonen in der Phase der Zerstörung der Lager. Die Bildung und die Zerstörung der Lager sind jedoch nicht zwei zeitlich scharf voneinander getrennte Vorgänge. Der Erdöl- und Gasverlust kann sowohl während der Sättigung der Schichten der Falle mit Erdöl als auch bei der Umlagerung des Erdöls und des Gases im Bereich der Struktur, nachdem die Schichten bereits mit Erdöl gesättigt sind, stattfinden. Im ersten Falle nimmt dabei im allgemeinen die Menge des Erdöls in der Lagerstätte zu, im zweiten Fall aber ab.

Abb. 3a zeigt die Zerstörung einer Lagerstätte, die aus Schichten mit verschiedenen Speichergesteinseigenschaften zusammengesetzt ist. Die Lage der Konturen der ursprünglich erdölführenden Schichten ähnelt der in Abb. 2.

In petrographisch gleichartigen Schichten mit größerer Durchlässigkeit (etwa den Schichten III und I der Apscheron-Halbinsel in Abb. 1) werden sich bei der Zerstörung der Lager (also bei Verlust an Erdöl) die Durchmesser der erdölführenden Zonen viel stärker verkleinern als in Schichten von geringer Durchlässigkeit (etwa den Schichten II und V der Apscheron-Halbinsel in Abb. 1).

In Abb. 3b ist die Lage der Konturen der erdölführenden Zonen vor und nach der teilweisen Zerstörung der Lagerstätte bei einer Ansammlung von Erdöl, dessen spezifisches Gewicht und dessen Viskosität mit zunehmender Lagerungsteufe abnimmt, dargestellt. Die Ausdehnung der erdölführenden Zonen ist in den Schichten, die ein leichteres und bewegliches Erdöl enthalten, geringer als in anderen.

Aus Abb. 3c ist die Lage der Konturen der erdölführenden Zonen bei Erdöl, dessen spezifisches Gewicht und dessen Viskosität mit zunehmender Lagerungsteufe zunehmen, ersichtlich. Wie im vorhergehenden Fall wird auch hier die Ausdehnung der erdölführenden Zonen in den Schichten am geringsten sein, in denen ein leichteres Erdöl und ein Erdöl geringerer Viskosität lagert.

Die Schemata der Abb. 3b und 3c zeigen, daß im ersten Falle (Abb. 3b) die erdölführenden Zonen in den einzelnen Schichtpaketen vor der Zerstörung des Lagers eine mit zunehmender Teufe wachsende Flächenerstreckung aufwiesen und sich während der Zerstörung des Lagers die Ausdehnung der erdölführenden Zonen nach der Tiefe hin verringerte. Im zweiten Falle (Abb. 3c) wurden die ursprüngliche, vor der Zerstörung des Lagers bestehende Ausdehnung der erdölführenden Zonen in den einzelnen übereinander lagernden Schichtpaketen mit zunehmender Teufe kleiner, während bei der Zerstörung des Lagers die größere Ausdehnung der erdölführenden Zonen bei abnehmender Teufe auftrat.

Die Ausdehnung der erdölführenden Zonen wird im gegebenen Fall davon abhängen, in welchem Abschnitt der Lagerzerstörung die Lage der Konturen untersucht wird.

Den Beweis für die Verringerung des Durchmessers der erdölführenden Zonen durch die natürliche Zerstörung der Lager kann man mit einer Analyse der von S. T. OWNATANOW und G. R. TAMRASJAN veröffentlichten Fakten (s. „Njeftjanoje Chosjaistwo", H. 10—11, 1958, und H. 1, 1960) erbringen. Die statistische Bearbeitung dieses bei der Förderung aus drei Schichten der Surachansker Erdöllagerstätte gewonnenen Tatsachenmaterials läßt die Bearbeiter einen ungewöhnlich hohen Koeffizienten der Erdölsättigung (K nahezu 0,9) annehmen.

Die zur Berechnung der Erdölvorräte von ihnen gewählten Werte setzten den Koeffizienten der Erdölabgabe bewußt herab. Wenn S. T. OWNATANOW und G. P. TAMRASJAN realere Werte verwendet hätten, wäre

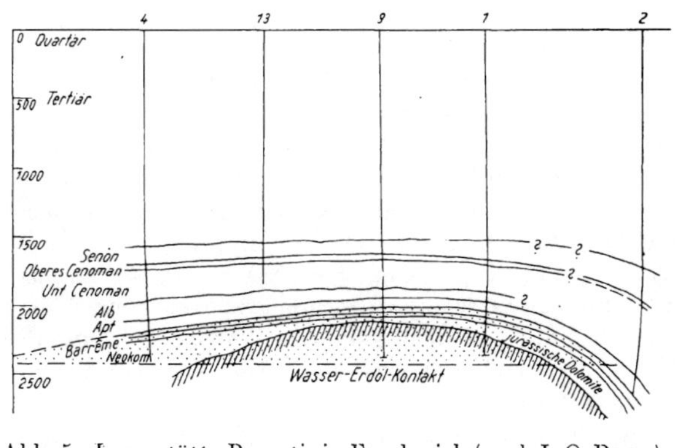

Abb. 5. Lagerstätte Parentis in Frankreich (nach I. O. BROD)

der Koeffizient der Erdölabgabe größer als eins geworden, was offenbar falsch wäre.

Es muß darauf hingewiesen werden, daß sie die Möglichkeit eines Erdölzuflusses in die erforschten Schichten aus höher oder tiefer liegenden Schichten bestreiten.

Sowohl die Bildung als auch die Zerstörung von Lagern hängt von vielen Faktoren ab. Die Zerstörung eines Lagers wird praktisch beim Ausgleich der Kräfte, die das Erdöl von Schicht zu Schicht bis zur Erdoberfläche weiterbewegen, mit jenen Kräften, die diese Migration hemmen, unterbrochen. Eine Störung dieses Gleichgewichts bedingt gewissermaßen die Zerstörung der Lager.

Eine Zerstörung der Lager, bevor sie infolge Abtragung in den Einflußbereich der Verwitterung gelangen, d. h. bis zum unmittelbaren Ausbiß der erdölführenden Schichten an die Tagesoberfläche, kann nicht erfolgen, wenn in der Zone des Wasser/Erdölkontakts eine Abschirmung der Lager besteht.

Im Binagadinsker Bezirk von Baku, in Kalifornien, in Mexiko usw. wurde eine starke Verminderung der

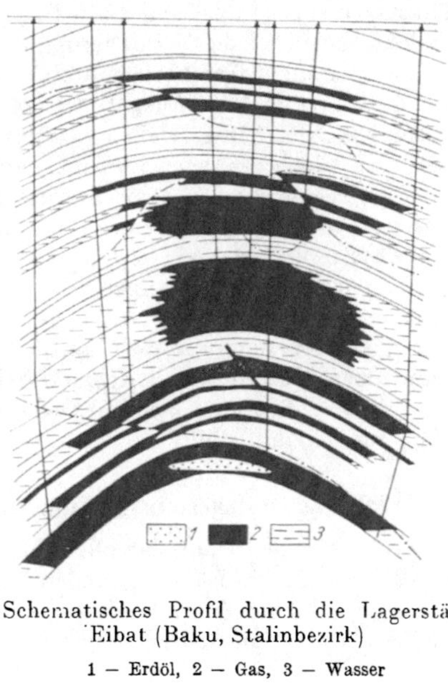

Abb. 4. Schematisches Profil durch die Lagerstätte Bibi-Eibat (Baku, Stalinbezirk)

1 — Erdöl, 2 — Gas, 3 — Wasser

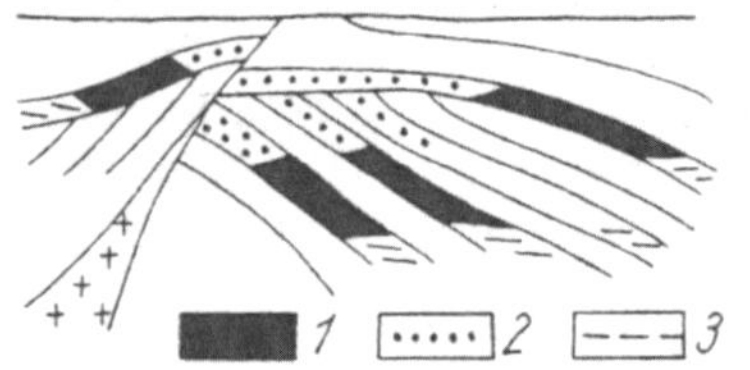

Abb. 6. Verteilung von Erdöl und Gas in einer Struktur der Volksrepublik Rumänien (nach I. W. WYSSOZKI)

1 – Gas, 2 – Erdöl, 3 – Wasser

Durchlässigkeit der Schichten in der Zone des Wasser/Erdölkontakts festgestellt. Diese Erscheinung konnte bisher nicht eindeutig erklärt werden, aber wahrscheinlich ist sie durch die Wirkung des Schichtwassers auf gewisse Erdölkomponenten bedingt.

In diesem Fall kann sich praktisch die ursprüngliche Lage der Konturen der erdölführenden Zonen nicht verändern, was auch aus Abb. 3d ersichtlich ist.

Wie bei der Bildung einer Lagerstätte wurde auch bei der Zerstörung von Lagern an mehreren Beispielen die Lage der Konturen der erdölführenden Zonen mit zunehmender Teufe untersucht.

Gesetzmäßigkeiten der Veränderung des Wasser/Erdölkontakts im Profil

Für die Bildung von Erdöllagern ist vor allem das Vorhandensein einer Falle Voraussetzung; die erdölführenden Schichtpakete müssen sowohl im Liegenden als auch im Hangenden von undurchlässigen Schichten abgeschirmt werden. In Übereinstimmung mit den bereits betrachteten Faktoren hat jede Schicht ihre geschlossene Kontur und zeigt abhängig von der Mächtigkeit und dem Einfallen der Schichten eine bestimmte Verteilung von Erdöl und Wasser. Als Beispiel einer mehrschichtigen Lagerstätte sei Bibi-Eibat genannt (Abb. 4). Jede Schicht hat hier ihre bestimmte Grenzzone der Erdölführung. In begrenzten Abschnitten der Schicht steht das Erdöl mit dem Wasser im Kontakt. Unter Tafelverhältnissen kann die Kontaktzone sehr ausgedehnt sein.

Die Verteilung der Konturen der erdölführenden Zonen in mehrschichtigen Lagerstätten wird außerdem von der Migrationsrichtung, die zur Bildung des Lagers führte, ob vertikal oder lateral, abhängig sein.

In massigen Lagerstätten stellen die Fallen in der Regel ein einheitliches Reservoir dar, und unabhängig davon, ob sich diese Lagerstätten an Struktur- oder Erosionsfallen bildeten, wird der Kontakt zwischen dem Erdöl und dem Wasser innerhalb der Grenzen des gesamten Lagers auftreten, wie aus Abb. 5 ersichtlich ist.

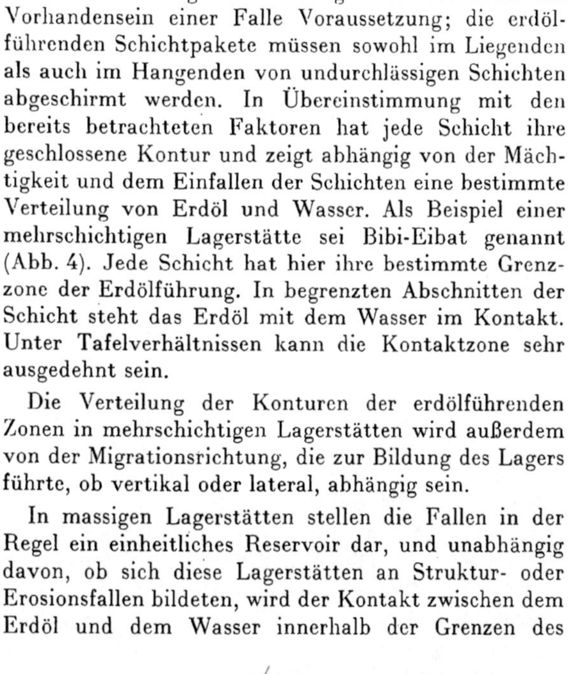

Abb. 7 Cotton-Lake (Texas), Schema eines abgeschirmten Schichtenlagers (nach TALBETI)

1 – Gas, 2 – Erdöl, 3 – Wasser

Ein gemeinsamer Wasser/Erdöl- und Gas/Erdölkontakt für die gesamte Lagerstätte tritt nicht nur in einem massigen Lager auf, sondern kann auch bei mehrschichtigen Lagerstätten auftreten.

In den Lagerstätten von Conray (Texas) werden Schichten erdölführender Kokfield-Sandsteine von Schiefern, sandhaltigen Schiefern und Sandsteinen mit geringer Durchlässigkeit überlagert. Obwohl die Lagerstätte offenbar mehrschichtig ist, hat sie einen gemeinsamen Wasser/Erdöl- bzw. Gas/Erdölkontakt. Der Erdöl/Wasserkontakt liegt ungefähr in einer Tiefe von 1500 m unter NN, die Kontaktzone zwischen dem Gas und dem Erdöl in einer Tiefe von 1485–1488 m.

In den auf den Abb. 6 und 7 dargestellten Lagerstätten befinden sich die Kontaktzonen der Erdöl- und Gasführung jeweils in gleicher Höhe.

Kennzeichnend für diese Lagerstätten ist das Vorhandensein einer hydrodynamischen Verbindung zwischen den Schichten. Erdöl und Gas lagern in gut kommunizierenden Schichtpaketen, und zwar einmal (Abb. 7)

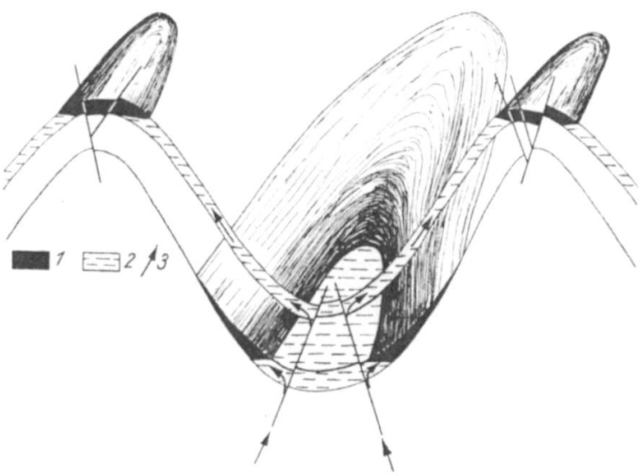

Abb. 8. Schema der Bildung von Erdöllagern in Synklinalen

1 – Erdöl, 2 – Wasser, 3 – Richtung der Migration

an einer Schichtstörung, zum anderen (Abb. 6) in den überdeckenden Zwischenschichten. In beiden Fällen sieht es so aus, als ob das Erdöl und das Gas in kommunizierenden Gefäßen lagere. Eine unerläßliche Bedingung zur Erhaltung solcher Lager ist die Verhinderung des Ausflusses des Erdöls an die Tagesoberfläche. Fehlen Gaskappen, kann das Lager auch bei Austritt der Störungen an die Tagesoberfläche erhalten bleiben. Unter diesen Verhältnissen darf jedoch der Druckgradient, der durch den Unterschied der spezifischen Gewichte des Erdöls und des Wassers bedingt ist, die Widerstände bei der Fortbewegung des Erdöls an den Verwerfungsflächen und an der Tagesoberfläche nicht übersteigen.

Das Vorhandensein einer gleichen Lage der Kontur der erdölführenden Zonen in den Schichtpaketen gestattet, anzunehmen, daß sich die Lagerstätte in der Regel in der Phase der Zerstörung und nicht in der Phase der Bildung befindet.

Bildung von Erdöl- und Gaslagern in Synklinalzonen

Während der vertikalen und lateralen Migration lagern sich Erdöl und Gas in Räume geringerer Drücke und geringerer hydraulischer Widerstände um, und zwar so lange, bis Hindernisse die weitere Migration unterbrechen.

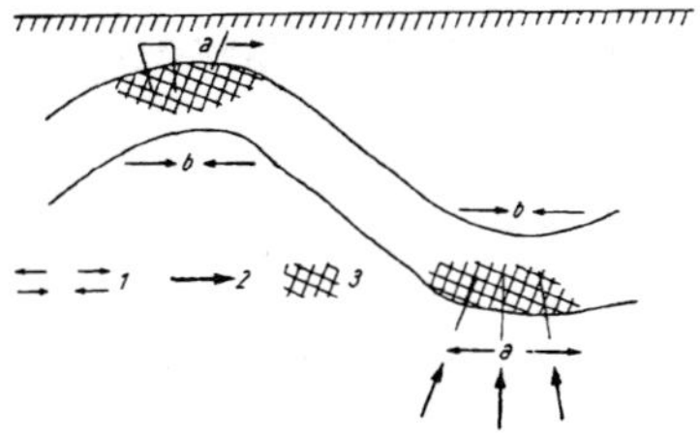

Abb. 9. Schema der Bildung von Erdöllagern in Synklinalen
1 — Richtung der einwirkenden Kräfte, 2 — Richtung der Migration, 3 — Zerklüftungszonen

Die Unterbrechung der Migration bedeutet somit Bildung eines Lagers. Die Ursachen einer Migrationsunterbrechung können günstige Strukturverhältnisse sein, die z. B. eine Zone undurchlässiger Schichten um das Speichergestein, eine Abschirmung durch Störungen, ein Auskeilen der Schichten, faziell-petrographische Änderungen usw. bewirken. Auf diese Weise bilden sich Fallen für Erdöl und Gas.

Das migrierende Erdöl und Gas können in einem bestimmten stratigraphischen Komplex im Verhältnis zum Meeresspiegel nicht immer eine maximale Hochlage einnehmen. Für die Bildung von Erdöl- und Gaslagern günstige Fallen können auch in großen Teufen einer Struktur angeordnet sein, was unter anderem auch in einigen Diapir- und Kryptodiapirstrukturen beobachtet wurde.

Die Kalinsker Folge und, in zahlreichen Strukturen, auch die Podkirmakinsker Folge der produktiven Schichtenserie der Apscheron-Halbinsel wurden in den scheitelnahen Teilen der Strukturen nicht angetroffen, treten aber in den Zonen auf, in denen die Mächtigkeit der produktiven Schichtenserie zunimmt. Gerade in diesen Zonen großer Mächtigkeit der produktiven Schichtenfolge treten weitere stratigraphische Serien auf.

In Abb. 8 wird die Bildung eines Erdöllagers in der Synklinale zwischen zwei Antiklinalen dargestellt. Dieses Schema zeigt, daß sich das Lager durch vertikale Migration gebildet hat. Aber das Lager kann sich auch durch seitliche Migration bilden, wenn das Speichergestein im Liegenden in eine Fazies übergeht, die für die Akkumulation der organischen Ausgangsstoffe, für die Bildung von Erdöl und Gas, günstig ist und in Verhältnissen lagert, die Erdöl und Gas zu produzieren gestatten.

Gegebenenfalls erfolgte die Bildung der Erdöllager dadurch, daß die eine Synklinale mit den angrenzenden Synklinalen durch einheitliche Migrationswege verbunden ist. Man kann sich somit Verhältnisse vorstellen, unter denen sich Erdöllager nur in synklinalen Gebieten bilden.

Abb. 9 zeigt ein Schema der Faltung einer Schicht mit den sowohl im Sattelscheitel als auch im Muldentiefsten auftretenden Zerklüftungszonen; denn bei der Faltung wird das Gestein durch Zug und Zusammenpressung beansprucht. In beiden Dehnungszonen wird das Gestein infolge Zugbeanspruchung zerklüftet. Bei geringer Porosität und Durchlässigkeit des Gesteins werden diese Zonen der Zugbeanspruchung nicht nur durch die Bildung großer Bruchflächen, sondern häufig auch durch feine Zerklüftung gekennzeichnet sein.

Eine Erdölmigration ist nur in den Zonen der geringsten hydraulischen Widerstände möglich, und solche Zonen sind nun die durch Zug beanspruchten Bereiche bei der Faltenbildung. In diesem Falle ist die Bildung von Erdöl- und Gaslagern nur durch vertikale Migration, und zwar in erster Linie in die Synklinale, möglich.

Ein Erdöllager kann sich hierbei jedoch nur bilden, wenn sich das Erdöl, das in die aus zerklüfteten Speichergesteinen im Muldentiefsten bestehende Falle gelangte, infolge der geringeren Permeabilität der Gesteine des Sattelschenkels nicht in die Antiklinale verlagern kann. Das Gas, als ein beweglicheres Medium, wäre jedoch fähig, früher als das Erdöl zu migrieren, und könnte dann in der Antiklinale ein Lager bilden. Wahrscheinlich ist auf diese Weise auch die bedeutende Gasführung in den Faltenzonen der Provinz Szetschuan der Volksrepublik China zu erklären.

Voraussetzung zur Bildung von Erdöl- und Gaslagern nach dem Schema der Abb. 9 sind die vertikale Migration, das Vorhandensein von Erdölmuttergesteinen unterhalb der Falle und klüftiges Speichergestein.

Aus der Praxis sind fast keine Erdöl- und Gaslager aus Synklinalzonen bekannt, was sich vermutlich dadurch erklären läßt, daß das Aufsuchen und die Erkundung von Lagern nur bis in die beim gegenwärtigen Stand der Bohrtechnik zugänglichen Teufen erfolgen konnte.

Können jedoch durch Vervollkommnung der Bohrtechnik Bohrungen bis in z. Z. aus technischen oder ökonomischen Gründen unzugängliche Teufen niedergebracht werden, dann wird man unter anderen geologischen Verhältnissen in tieferen Schichten Speicher entdecken, die unter besonderen physikalischen Verhältnissen lagern.

Jede neue Entwicklungsstufe bedeutet eine Steigerung der Förderung und einen Anstieg der Erdölreserven. In der jetzigen Stufe der Entwicklung wurden durch Sammeln von Erfahrungen, durch Klärung der wichtigsten Gesetzmäßigkeiten der Erdöl- und Gaslagerung und durch die Möglichkeit der Niederbringung von Bohrungen in 3000—4000 m Teufe neue Formen von Fallen entdeckt. Jetzt stehen wir vor einer neuen Entwicklungsstufe — dem Abbohren großer Teufen.

Das Niederbringen von 5000—10000 m tiefen Bohrungen setzt nicht allein das Beherrschen der neuen Bohrtechnik voraus, sondern auch die rechtzeitige Erforschung der mit den neuen physikalisch-geologischen Verhältnissen der Erdöl- und Gaslagerung verbundenen Fragen.

Zusammenfassung

Verf. beschreibt an Hand von Beispielen den Verlauf der Konturen der Erdölführung in den einzelnen Schichten einer Lagerstätte. Er zeigt die Gesetzmäßigkeiten der Veränderung der Ausdehnung der erdölführenden Zone bei der Bildung und Zerstörung eines Lagers.

Резюме

Автор описывает на примерах форму контуров нефтеносности в отдельных пластах месторождения. Он показывает закономерности изменения распространения нефтеносных зон при образовании и разрушении залежи.

Summary

Based on examples a description is given by the author of the arrangement of the contours of petroleum bearing in the several layers of a deposit. He shows the regularities of the variation of the extension of the petroleum bearing zone during the formation and destruction of a deposit.

Zeitschrift für angewandte Geologie (1961) Heft 8

Methodik geologischer Sucharbeiten in der Kaspisenke[1)]

M. M. TSCHARYGIN, M. P. KASAKOW & J. M. WASILJEW, Moskau

Die Kaspisenke, eine der größten regional erdöl- und erdgasführenden Provinzen der UdSSR, nimmt auch nach den berechneten prognostischen und perspektivischen Erdöl- und Erdgasvorräten (I. M. GUBKIN, I. O. BROD, W. M. SENJUKOW und andere) einen der ersten Plätze unter den Erdölgebieten der Sowjetunion ein. Die mächtigen erdöl- und erdgasführenden Schichtenfolgen im Profil der Senke nördlich des Kaspischen Meeres, die für eine Erdölakkumulation günstigen Strukturen, die zahlreichen Erdöl- und Erdgasaustritte und schließlich die im Abbau befindlichen Erdöl- und Erdgasfelder, deren Zahl mit jedem Jahr wächst, erlauben, das Kaspigebiet als für Erkundungs- und Sucharbeiten auf Erdöl und Erdgas am geeignetsten zu betrachten.

Die erfolgreiche Erkundung der Erdöl- und Erdgasführung der Kaspisenke hängt vor allem von der Auswahl der Erkundungsrichtung und der -methodik ab. Im Embagebiet hat sich z. B. die angewandte Methodik nicht bewährt. Vor allem brachte die Orientierung der Erkundung auf mesozoische Lagerstätten im Top der Salzstrukturen nicht den erwarteten Erfolg.

Die Erkundungsarbeiten wurden bisher nur in einem engbegrenzten Gebiet im südöstlichen Teil der Senke durchgeführt und erstrecken sich mehr oder weniger zufällig auf den einen oder anderen Salzdom. In der Regel bohrte man nur die Topgebiete der Salzstöcke ab. Dieses Verfahren war kompliziert und teuer. Im Laufe einer 60jährigen Erkundung wurden 60 Salzdome untersucht und nur auf 28 davon industrielle Lagerstätten nachgewiesen. Die hier festgestellten Erdölfelder garantierten meist nicht den nach dem Charakter des Gebietes zu erwartenden Vorratszuwachs.

Als ungeeignet erwies sich auch die Erkundung auf paläozoisches Erdöl im Bereich des Südemba-Schweremaximums. Die diesen Arbeiten zugrunde liegende Auffassung von G. E. A. AISENSTADT, S. N. KOLTYPIN, N. K. TRIFONOW, W. S. DNJEPROW und anderen, daß es sich hier um einen Teil der Russischen Tafel handele, war falsch. Die in den Jahren 1948—1959 durchgeführten geophysikalischen und geologischen Erkundungsarbeiten brachten keine positiven Ergebnisse. Es wurden keine Tafelstrukturen gefunden, sondern statt dessen mächtige Pakete grobklastischer Sedimente des Karbon und Devon, die für die Vorsenken und Geosynklinalen typisch sind. In diesen stark dislozierten, verdichteten und metamorphosierten Schichten können keine industriellen Lagerstätten erwartet werden. Ähnlich verhält es sich im Bereich des Aktjubinsker Vorurals. Die in der Kaspisenke angewandte Erkundungsmethodik und -richtung weist somit wesentliche Mängel auf. Die erkundeten Erdölvorräte der industriellen Klassen betragen gegenwärtig nur 1,5% der prognostischen, und erkundete Gasvorräte industrieller Klassen liegen noch gar nicht vor. Deshalb ist es notwendig, die bisherigen Arbeiten kritisch zu analysieren und neue Richtungen und Methoden zu wählen.

Geologische Sucharbeiten müssen vor allem in den zentralen Gebieten der Senke durchgeführt werden, da hier mehr stratigraphische Horizonte erdöl- und erdgasführend sind.

Es lassen sich zwei erdöl- und erdgasführende Stockwerke unterscheiden: das mesozoische und das jungpaläozoische. Das Salz durchspießt die es überlagernden permotriassischen und mesozoischen Schichten und isoliert dadurch die einzelnen Erdöl- und Erdgasakkumulationen. Außerdem wird die Erdölakkumulation durch große, die Lage der Salzstöcke bestimmende Strukturelemente beeinflußt. Als erdölhöffig sind Permotrias, Dogger, Neokom und Alb—Cenoman anzusehen. Das Subsalinar (Unteres Perm, Karbon und Devon) ist durch einfacher gebaute große Tafelstrukturen charakterisiert. Höffig sind hier die Sakmara-Artinsk-Stufe, das Unterkarbon und die terrigenen Schichten des Oberen und Mittleren Devon. Im Gebiet zwischen Ural und Wolga ist schließlich auch der oberste Komplex, das Tertiär, für die Prospektion von Interesse.

In Richtung auf das Zentrum der Kaspisenke vergrößert sich nicht nur der stratigraphische Bereich für die Erdöl- und Erdgasführung, sondern auch die Mächtigkeit der einzelnen produktiven Horizonte. Die Erkundungs- und Sucharbeiten in den Gebieten des Stalingrader und Saratower Wolgalaufes und im Süden des Kuibyschewer Bezirkes ergaben, daß in Richtung auf das Kaspische Meer die spezifische Produktivität, besonders die Gasführung, zunimmt. Dadurch erhöhen sich ebenfalls die Perspektiven für die zentralen Gebiete.

Da die wichtigen produktiven Horizonte in großen Teufen auftreten, kann man in den zentralen Gebieten der Kaspisenke mit der Entdeckung hochproduktiver (mit Schichtendrücken bis zu 500 bis 700 at) und hochqualitativer Erdgas- und Kondensatlagerstätten rechnen, die den aus Aserbaidshan (Syrja, Karadag) und aus den USA (Texas, Louisiana) bekannten ähnlich sind. Die wichtigsten höffigen Gebiete haben außerdem eine sehr günstige geographische Lage; denn sie liegen hier in unmittelbarer Nähe der Industriezentren des Ural, der Wolga und des Donbass.

Die Perspektivität ist nicht im ganzen Zentralgebiet die gleiche. Besonders höffig sind die Flanken der großen Aufwölbungen (Schwellen) im mesozoischen Stockwerk, denen wahrscheinlich ähnliche Aufwölbungen im paläozoischen Stockwerk entsprechen. Gerade in solchen Zonen liegen die bisher im Ural—Wolga-Gebiet, im Saratower und Stalingrader Wolgagebiet und in den Astrachaner Steppen bekannten Erdöl- und Erdgaslagerstätten. Die meisten und vor allem die interessantesten Erdöl- und Erdgasanzeichen treten in den Zentralgebieten ebenfalls an den Flanken auf, z. B. an der Aralsor-, der Saural-, der Nowobogatinsker und der Sagiser Aufwölbung sowie in der Zone der Sharkamysser und der Unteremba-Randerhebung, an den mit ihnen in Verbindung stehenden Flanken der Vortiefe und schließlich in der Astrachan-Nordkaspi-Zone.

Bei der Erkundung von Erdöl und Erdgas in der Kaspisenke könnte man sich auf eine Massenerkundung von Salzstöcken orientieren. Dieses langwierige und komplizierte Verfahren garantiert jedoch nicht, daß in kurzer Zeit die Erdöl- und Erdgasförderung des Gebietes anwächst. Die zahlreichen Salzstöcke in der Senke deuten nur darauf hin, daß hier neue Erdölfelder entdeckt werden können. Die Such- und Erkundungsarbeiten sind unter Berücksichtigung der Gesetzmäßigkeiten der Verteilung der Salzstöcke und der mit ihnen verbundenen

[1)] Aus: Geologija nefti i gasa, H. 8, 1960, S. 1—7. Übers.: F. WEGERT etwas gekürzt).

Erdölfelder durchzuführen. Im Zusammenhang mit den großen Strukturformen kann man Abschnitte mit einer Scharung von Salzstöcken gleichen Typs beobachten. Bei den Sucharbeiten im Embasalzstockgebiet ist dies zu berücksichtigen, indem man bestimmte Salzstocktypen auswählt, nicht nur Topbereiche, Flanken und Salzüberhänge, sondern besonders auch die Gebiete zwischen den Salzstöcken untersucht.

Die neuen in der Erdölgeologie gewonnenen Erkenntnisse zeigen jedoch, daß die Erdölförderung nur durch das Entdecken großer, an die weitgespannten Tafelstrukturen gebundener Felder sprunghaft erhöht werden kann. Daher muß bevorzugt eine Erkundung solcher Strukturformen erfolgen. In der Kaspisenke können diese vor allem im Subsalinar der Zentralgebiete gefunden werden. Da wallartige Erhebungen und Flexuren, die zur Bildung von Fallen führen konnten, auch im Mesozoikum und sogar im Tertiär auftreten können, sind diese Schichten gleichzeitig mit dem Subsalinar zu erkunden.

Gerade die als besonders höffig anzusprechenden Zentralgebiete der Kaspisenke wurden jedoch bisher am wenigsten erforscht. Um hier die potentiellen Vorräte in reale Erdöl- und Erdgasvorräte industrieller Klassen zu verwandeln, sind noch umfangreiche geologische und geophysikalische Untersuchungen notwendig. Auf Grund der langjährigen Erfahrung bei der Erkundung im Embagebiet, im Aktjubinsker Vorural und in den nördlich der Kaspisenke gelegenen Gebieten ist eine rationelle Erkundungsmethodik auszuarbeiten, damit in kürzester Zeit die Erdöl- und Erdgasressourcen des Gebietes von der Industrie erfaßt werden können.

Als erstes empfiehlt es sich, regionale Untersuchungen zur Feststellung der Besonderheiten des tektonischen Baus zur Klärung der geologischen Entwicklung der Kaspisenke, zur Bestimmung der allgemeinen Gesetzmäßigkeit der Erdöl- und Erdgasakkumulation in der Senke und zur Festlegung der für das Aufsuchen von großen Erdöl- und Erdgasfeldern günstigsten Zonen durchzuführen.

Im Rahmen der regionalen geologisch-geophysikalischen Untersuchungen sind folgende Arbeiten erforderlich:

1. komplexe geologische Kartierung im Maßstab 1 : 200000;
2. gravimetrische Aufnahme im Maßstab 1 : 200000;
3. Bildung eines Netzes von Basisbohrungen;
4. Untersuchungen durch seismische Regionalprofile, verbunden mit dem Abbohren von Strukturparameterbohrungen;
5. Abteufen von übertiefen Versuchserkundungs- (Basis-)bohrungen;
6. wissenschaftliche Forschungsarbeiten.

Da die zentralen Gebiete unter einer Bedeckung verhältnismäßig mächtiger quartärer und pliozäner Sedimente liegen, sind bei den geologischen Kartierungsarbeiten in größerem Umfang Kartierungsbohrungen erforderlich. Durch diese können auch die Strukturen, die Wasserführung und die Gasführung des Pliozäns untersucht werden. Die Kartierung muß komplex durchgeführt werden, d. h., sie muß außer mit der Untersuchung von Stratigraphie und Tektonik auch mit geomorphologischen, hydrogeologischen, geochemischen und geobotanischen Untersuchungen verbunden sein und so die Erkundung der Bodenschätze unterstützen. Dabei sind besonders die geophysikalischen Ergebnisse zu verwerten. Im Ergebnis müssen abgedeckte (Quartär und Pliozän) schematische, geologische Karten im Maßstab 1 : 200000 sowie andere Karten vorliegen, die durch den Maßstab der Untersuchungen bestimmt werden.

In den von den bisherigen Untersuchungen noch nicht erfaßten Teilen der zentralen Gebiete muß auf jeden Fall die gravimetrische Aufnahme durchgeführt werden. Die Methodik ist für die im Kaspisalzstockgebiet herrschenden Verhältnisse bereits in allen Einzelheiten ausgearbeitet worden und allgemein bekannt.

Für die Erforschung eines so großen bedeckten Territoriums wie die Kaspisenke ist das Abteufen von Basisbohrungen von besonderer Bedeutung. Es ist daher keineswegs als normal anzusehen, daß bis jetzt in den zentralen Gebieten der Senke auf einer Fläche von über 500000 km² nur zwei Basisbohrungen niedergebracht wurden (Nowousensk und Elton). Neue Bohrungen mit einer Teufe von 4500 bis 5000 m sind erforderlich, um wenigstens ein minimales Netz von Basisprofilen zu erhalten. Nur dann wird es möglich sein, die Profile der gesamten Senke zu gliedern und zu vergleichen, ein einheitliches stratigraphisches Schema auszuarbeiten, die paläogeographischen Bedingungen der Sedimentation zu

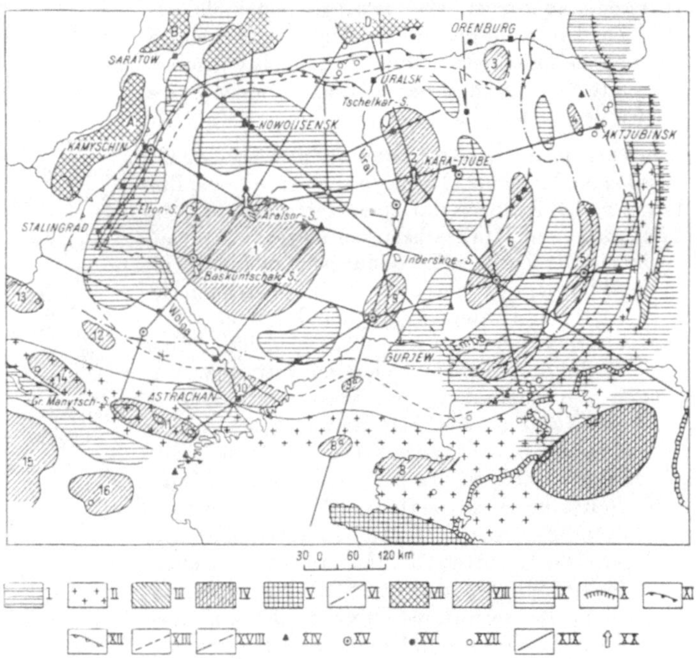

Plan der regionalen geologisch-geophysikalischen Arbeiten
(Tektonisches Schema nach M. P. KASAKOW)

I — varistisch gefaltete Zonen; II — abgesunkene varistisch gefaltete Zonen; III — Tschuschkakuler Antiklinale; IV — kaledonisches Innenmassiv; V — Faltenzone der Mangyschlakhalbinsel; VI — Grenze der varistischen Vortiefe; VII — wallartige Erhebungen: A — Don—Medwediza-Wall, B — Saratower Erhebung, C — Shigulewsk — Pugatschower Wall, D — Kamelik — Tschagan-Erhebung; VIII — flache Aufwölbungen im mesokänozoischen Komplex: 1 — Aralsorskoje, 2 — Sauralskoje, 3 — Wetljanskoje, 4 — Taldy — Bergenskoje, 5 — Sharkomyskoje, 6 — Sagiskoje, 7 — Nishneembenskoje, 8 — 8a — Sewero-Busatschinskoje, 9 — Nowobogatinskoje, 9a — Jushno-Nowobogatinskoje, 10 — Astrachanskoje, 11 — Promyslowo-Busginskoje, 12 — Sadowo-Sawetinskoje, 13 — Kotelnikowskoje, 14 — Jushnojergeninskoje, 15 — Stawropolskoje, 16 — Osek-Suatskoje; IX — flache Einmuldungen des meso-känozoischen Komplexes; X — wichtigste Störungen; XI — Gravitationsstufen; XII — flexurartige Verbiegungen; XIII — Grenze der Verbreitung von Salzstöcken; XIV — niedergebrachte Basisbohrungen; XV — projektierte Basisbohrungen; XVI — projektierte Strukturparameterbohrungen; XVII — niedergebrachte Tiefbohrungen; XVIII — bereits geschossene seismische Regionalprofile; XIX — projektierte seismische Regionalprofile; XX — projektierte übertiefe Versuchsbohrungen

studieren, die Struktur zu klären und die Speicherhorizonte sowie mögliche Erdöl- und Erdgasakkumulationen, wasserführende Horizonte und andere Bodenschätze festzustellen. Die Basisbohrungen sind in verschiedenen Strukturzonen anzusetzen (s. Abb.).

Da eine der wichtigsten Bedingungen für eine erfolgreiche Prognose der Erdöl- und Erdgasführung eines Territoriums die Kenntnis seines tektonischen Baus ist, müssen besonders die bisher nur wenig bekannten tektonischen Verhältnisse der Kaspisenke untersucht werden. Diese Aufgabe kann durch regionale seismische Profile in Verbindung mit Strukturparameterbohrungen (mindestens 2500 bis 3500 m tief) im wesentlichen gelöst werden. Die regionalen Profile sollen zur Klärung der regionalen Struktur des mesozoisch-känozoischen Stockwerks und nach Möglichkeit auch des Subsalinars führen sowie die Beziehungen zu den wichtigsten Strukturzonen der Russischen Tafel und den sie einrahmenden Faltenzügen festlegen. Die seismischen Untersuchungen werden zusammen mit den Strukturparameterbohrungen auch ein reiches Material für Schlußfolgerungen über den Charakter der Mächtigkeitsänderungen, der Fazies, der paläogeographischen und hydrogeologischen Lage und der paläotektonischen Bedingungen liefern. Das alles bietet eine gesunde Basis für ein begründetes Ausscheiden der höffigsten Zonen und Strukturen für den Beginn einer Erkundung. Nach dem vorhandenen Untersuchungsmaterial wird eine Reihe von Profilen bei gleichzeitigem Abteufen von 28 Strukturparameterbohrungen als erstrangig empfohlen (s. Abb.). Zu den geophysikalischen Untersuchungen gehören auch seismische Sondierungen, die über Gruppen von Salzstöcken verschiedener Typen und in den Zonen zwischen den Salzstrukturen durchzuführen sind.

Von entscheidender Bedeutung für eine erfolgreiche Erfassung der Erdöl- und Erdgasressourcen wird die Einführung von Bohrungen mit einer Teufe von 5000 bis 7000 m, wie sie bereits in Aserbaidshan und im Ausland niedergebracht werden, in die Erkundungspraxis sein. Da die in großer Teufe lagernden erdöl- und erdgasführenden Horizonte in der Regel hochproduktiv und das in ihnen enthaltene Gas und Kondensat sehr wertvoll sind, sind diese übertiefen Bohrungen auch ökonomisch vertretbar. Das Abteufen von mindestens zwei Versuchs-(Basis-)bohrungen bis zu 7000 m, und zwar der Bohrungen Aralsor und Dshambei (s. Abb.), zwischen den Salzstöcken in den zentralen Gebieten der Kaspisenke ist eine erstrangige Aufgabe. Diese übertiefen Bohrungen werden das vollständige stratigraphische Profil der über dem Salz lagernden Schichten, des Subsalinars einschließlich der bisher wenig untersuchten Schichten der Permo-Trias liefern, die Verhältnisse zwischen den einzelnen strukturellen Stockwerken klären und die Verteilung der möglicherweise erdöl- und erdgasführenden Folgen feststellen. Sie sind nicht nur im Prikaspigebiet, sondern auch in anderen Gebieten für die weitere Entwicklung der Erdöl- und Erdgasindustrie von prinzipieller Bedeutung und müssen in den nächsten zwei bis drei Jahren vorgenommen werden.

Gleichzeitig mit den aufgezählten Untersuchungsarbeiten müssen umfangreiche wissenschaftliche Forschungsarbeiten vor allem zur Klärung der Gesetzmäßigkeiten der Verbreitung der Erdöl- und Erdgasakkumulationszonen und zur Ausarbeitung der Grundlagen für das Aufsuchen und Erkunden von großen Erdöl- und Erdgasfeldern unter verschiedenen geologischen Bedingungen der Kaspisenke durchgeführt werden.

Parallel mit den regionalen Untersuchungen sind in steigendem Maße detaillierte geologische Such- und Erkundungsarbeiten durchzuführen, die ein schnelles Anwachsen der Erdöl- und Erdgasvorräte garantieren. Die wichtigsten Objekte für diese Arbeiten kann man schon jetzt festlegen, ohne die Ergebnisse der regionalen geologisch-geophysikalischen Untersuchungen abzuwarten. Auf keinen Fall darf man sich auf das Embagebiet beschränken. Auf die richtige Verteilung der Struktursuchbohrungen und der übertiefen Erkundungsbohrungen ist besonders zu achten. Außerdem sollte man sich weniger auf die Salzstrukturen, sondern mehr auf große Tafelstrukturen, Kryptodiapire und andere Strukturen in den Bereichen zwischen den Salzdomen orientieren.

Die Durchführung aller dieser Untersuchungen und das richtige Verhältnis zwischen regionalen geologisch-geophysikalischen und detaillierten Such- und Erkundungsarbeiten werden es ermöglichen, in kurzer Zeit die Erdöl- und Erdgasressourcen des Kaspigebiets einer industriellen Nutzung zuzuführen.

Zusammenfassung

In der Prikaspisenke sind die Sucharbeiten auf Erdöl und Erdgas vor allem in den zentralen Teilen durchzuführen, da sich hier der stratigraphische Bereich für die Erdöl- und Erdgasführung sowie die Mächtigkeit der einzelnen produktiven Horizonte vergrößern. Es werden die für eine regionale Untersuchung zur Feststellung der Besonderheiten des tektonischen Baus, zur Klärung der geologischen Entwicklung des Gebietes, zur Bestimmung der allgemeinen Gesetzmäßigkeiten der Erdöl- und Erdgasakkumulation und zur Ausgliederung der für das Aufsuchen von großen Erdöl- und Erdgasfeldern günstigen Zonen wichtigen Untersuchungsverfahren festgelegt und deren Vorteile erläutert.

Резюме

Поиски на нефть и газ в Прикаспийской впадине следует развертывать прежде всего в ее центральных частях, так как здесь увеличивается стратиграфический диапазон нефтегазоносности и мощность отдельных продуктивных горизонтов возрастает. Устанавливаются важнейшие методы регионального исследования для определения особенностей тектонического строения, для выяснения геологического развития района, для определения общих закономерностей накопления нефти и газа и выделения зон, благоприятных для поисков крупных нефтегазоносных площадей. Излагаются преимущества упомянутых методов.

Summary

Prospecting for petroleum and natural gas in the area of the Caspian depression has to be concentrated above all on the central parts, because the petroleum and natural gas bearing stratigraphic zone as well as the thickness of the particular productive horizons are increasing here. Methods of prospecting including a discussion of their advantages are fixed for a regional investigation designed to determine peculiarities of the tectonic structure. They also serve to explain the geological evolution of the area and, furthermore, to determine the general rules governing the accumulation of petroleum and natural gas. Finally, these methods will answer the purpose of eliminating zones favourable for the prospecting of large petroleum and natural gas fields.

Die Wässer der Erdöllagerstätten des unteren Wolgagebietes[1)]

I. B. FEIGELSON, Moskau

In dem unter obigem Titel erschienenen Buch behandelt I. B. FEIGELSON die hydrogeologischen Verhältnisse der Erdöllagerstätten des unteren Wolgagebietes. Auf Grund des von ihm bearbeiteten Materials kommt er zu folgenden Schlußfolgerungen:

1. In den paläozoischen Ablagerungen des unteren Wolgagebietes sind überall Wässer vom Chlorkalziumtyp mit Salzkonzentrationen von 0,3 bis 28% verbreitet. Eine Ausnahme bilden nur die Wässer des oberen Teiles der aktiven Wasseraustauschzone in den Kalksteinen des Karbon, die im Saratower und Stalingrader Gebiet (bei Teplowka, Pugatschew, Shirnoje, Donskaja Luka usw.) an die Tagesoberfläche austreten.

2. Die in den paläozoischen Ablagerungen des unteren Wolgagebietes überall auftretenden Chlorkalziumwässer mit hohen Konzentrationen weisen auf ein Stagnieren der Wässer in diesen Ablagerungen hin und können bei der Suche nach Erdöl und Erdgas als günstiges Anzeichen betrachtet werden.

3. Alle Chlorkalziumwässer des Paläozoikums enthalten im unteren Wolgagebiet Spurenelemente (Ra, Br, J, Sr u. a.). Da bekanntlich die höchsten Konzentrationen dieser Elemente für das Erdöl charakteristisch sind, ist ein unmittelbarer Kontakt zwischen Wasser und Erdöl während ihrer Migration möglich. Das Auftreten dieser Spurenelemente in den Wässern des Paläozoikums muß daher als Anzeichen für das Vorhandensein eines organischen Stoffes, u. a. auch des Erdöls, in diesen Ablagerungen gewertet werden.

4. Die von der aktiven Wasseraustauschzone isolierten und emulgiertes Gas (mit einem Gasfaktor von einigen Kubikmeter Gas) enthaltenden Chlorkalziumwässer des unteren Wolgagebietes sind ein Merkmal für die Erdöl- und Erdgasführung der betreffenden Schichten. Es wurde festgestellt, daß auf allen abgebohrten Flächen für die wasserführenden Horizonte der Ablagerungen des Wereja-Horizontes, der Baschkirischen Stufe, des Tournai, Frasne und Givet die mit Gas übersättigten Wässer charakteristisch sind.

5. Die in der Sedimentdecke des unteren Wolgagebietes auftretenden Chlorkalziumwässer teilt man in drei hydrochemische Zonen ein (s. Abb.). Zu den hydrochemischen Zonen I und II gehören Chlorkalziumlaugen mit einer Mineralisation von 5 bis 28%; die Mineralisation der Wässer der Zone III beträgt 0,3 bis 4,5%. Über der Zone III befindet sich die Zone des aktiven Wasseraustausches, die hydrodynamisch mit der Zone III verbunden ist.

6. Als Obergrenze der Wässer des Chlorkalziumtyps gelten im unteren Wolgagebiet Wässer mit einer Mineralisation von 0,3% (3 g/l). Diese Obergrenze, die zwischen +50 bis −800 m liegt, verläuft durch verschiedene stratigraphische Horizonte, und zwar von der Kasan-Stufe im Osten bis zur Jasnaja-Poljana-Unterstufe im Westen. Die im Hangenden auftretenden Wässer der Zone des aktiven Wasseraustausches gehören verschiedenen Typen an. Im Liegenden der Zone des aktiven Wasseraustausches bis zum kristallinen Fundament treten nur Wässer eines Types auf, nämlich Chlorkalziumwässer, mit einer von oben nach unten merklich ansteigenden Mineralisation.

7. Innerhalb der Zonen I, II und III bestehen folgende Vergleichsmöglichkeiten der Mineralisation mit der Höhenlage des wasserführenden Horizontes: In den meisten Fällen wird das Absinken des Horizontes in große Tiefen von einer steigenden Mineralisation der Wässer begleitet. Die in manchen wasserführenden Horizonten des Karbons und Devons im Gebiet Balakowsk—Pugatschewsk auftretenden Ausnahmen können durch den Unterschied in den geochemischen Fazies der Ablagerungen der wasserführenden Horizonte erklärt werden.

8. Die Möglichkeit einer Anreicherung und Erhaltung der Salze in den Tiefenwässern ist von zahlreichen Faktoren abhängig. Dazu gehören unter anderem: der Grad der Isoliertheit des wasserführenden Horizontes von den

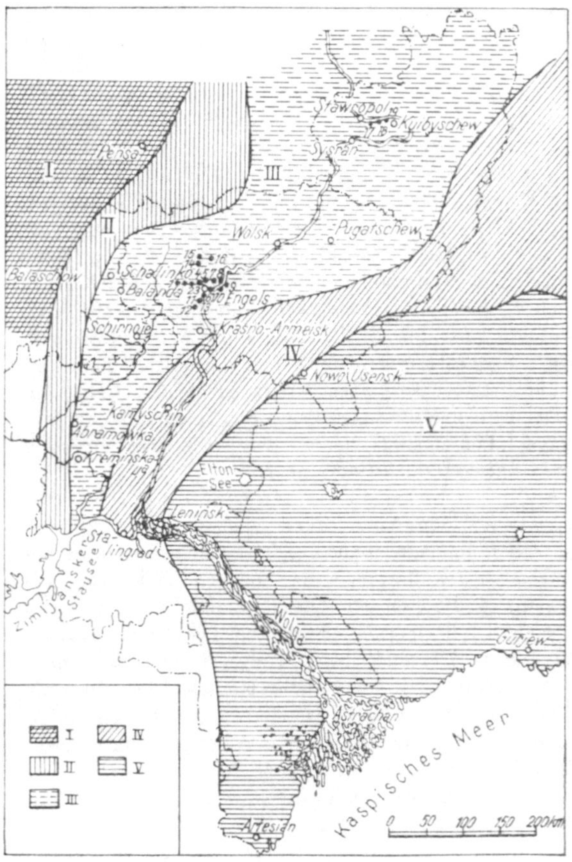

Schematische prognostische Karte der Erdöl- und Gasführung des Paläozoikums und des Mesozoikums des unteren Wolgagebietes auf Grund indirekter hydrochemischer Merkmale (I. B. FEIGELSON 1957).

I – nichthöffige Zone; II – Zone mit erdöl- und gasführenden Devonablagerungen; III – Zone mit Ablagerungen des Devons, des Unteren und Mittleren Karbons; IV – Zone mit erdöl- und gasführenden Ablagerungen des Devons, des Unteren und Mittleren Karbons und des Perms; V – Zone mit erdöl- und gasführenden Ablagerungen des Devons, des Unteren und Mittleren Karbons, des Perms und des Mesozoikums

1 – Surowka, 2 – Wjasowka, 3 – Petschany, 4 – Grusimowka, 5 – Elschonka, 6 – Sokolowaja Gora, 7 – Tumofejewskoje, 8 – Pristannoje, 9 – Generalnoje, 10 – Schumejka, 11 – Kolotowko, 12 – Gorjutschko, 13 – Bagajewko, 14 – Chlebnowka, 15 – Malinowy Owrag, 16 – Radischtschewo, 17 – Jablonowy Owrag, 18 – Morkwascho, 19 – Strelny Owrag

[1)] Aus dem gleichnamigen Buch, Gosinti, Moskau 1960. Übers.: WELZER

höher lagernden, weniger mineralisierten Wässern; die Dauer der diagenetischen und epigenetischen Perioden; die Intensität des unterirdischen Verdampfungsprozesses und die geochemischen Besonderheiten der Fazies, die im Grad des Salzgehaltes der wasserführenden Gesteine zum Ausdruck kommen.

9. Auf Grund der hydrochemischen Untersuchung der Sedimente wurde für das untere Wolgagebiet eine prognostische Karte der Erdöl- und Gasführung aufgestellt und für die höffigsten Zonen der devonischen, karbonischen und mesozoischen Sedimentgesteine die westliche Grenze festgelegt.

Vorhersage der Lage des Hangenden eines Intrusivmassivs und der Tiefe von Erzkörpern[1)]

W. W. Aristow, J. A. Stankejew & R. M. Konstantinow, UdSSR

Bei der Untersuchung einer Zinnlagerstätte in Osttransbaikalien tauchte die Frage nach der möglichen Maximalteufe der Erzkörper auf. Die Lagerstätte liegt auf dem Kamm einer breiten Wasserscheide zwischen trockenen Flußtälern (Schluchten), die in E—W-Richtung verlaufen (Abb.). Die relative Überhöhung der Achsenlinie der Wasserscheide gegenüber den Schluchten beträgt etwa 200 m.

Im Hauptteil des Untersuchungsgebietes einschließlich des Lagerstättenbereiches treten metamorphosierte sandig-tonige Schichten des Unteren Jura auf. Es herrschen mittelkörnige Grauwackensandsteine vor, die geringmächtige Zwischenlagen von Aleurolithen und kleinstückigen Konglomeraten enthalten. Diese Gesteine sind gefaltet, die Faltenachsen streichen NW—SE.

An das Gebiet des periklinalen Zusammenschlusses der Faltenstrukturen sind Bruchstörungen gebunden, die etwa N—S streichen. Die Zone dieser Störungen, die etwa 1 km breit ist, läßt sich auf der Wasserscheide zwischen der Oberen und der Mittleren Schlucht (Bereich der Lagerstätte) und weiter nördlich der Mittleren Schlucht auf eine Entfernung von 1,5 km verfolgen.

Die Bruchstörungen sind leicht auffindbar, da an sie Sphärolithporphyrgänge, Erzgänge und Zonen mit Quarz-Flußspat-Brekzien gebunden sind. Die Gesteinsgänge fallen nach E ein, die Erzgänge dagegen unter einem Winkel von 70—80° nach W.

Auf der südlichen Flanke der Zone der Bruchstörungen ist ein kleines Amazonitgranitmassiv aufgeschlossen. Der Oberflächenanschnitt des Granitmassivs nimmt eine Fläche von etwa 1 km² ein. Der nördliche Teil des Massivs streicht im Bereich der Oberen Schlucht N—S, dieses Streichen fällt mit dem Streichen der Bruchstörungen zusammen. Der südliche Teil streicht wie die Nebengesteine NW—SE. Der östliche Kontakt der Amazonitgranite wurde an drei Stellen durch Gräben aufgeschlossen. Die Lagerungselemente des Kontakts (Streichen N 77°, Einfallen 42°) ähneln denen der Gesteine der sandig-tonigen Serie. Längs des östlichen Kontakts des Granitmassivs läßt sich eine Zone feinkörniger Topasgreisen verfolgen, die aus den umgebenden Sandsteinen entstanden sind.

Die Erzkörper der Lagerstätte bestehen aus Quarz-Amazonitgängen mit Zinnstein. Ihre Mächtigkeit liegt bei 1,0 m; sie lassen sich im Streichen etwa 300 m und bis in eine Teufe von 20—25 m verfolgen.

Auf Grund des Auftretens von Amazonit in den Erzgängen sowie deren räumlicher Anordnung wird angenommen, daß die Erzgänge genetisch mit den Amazonitgraniten zusammenhängen. Durch detaillierte geologische Untersuchungen wurde weiterhin das Fehlen der Quarz-Amazonitgänge in dem unmittelbar am nördlichen Kontakt des Massivs der Granite gelegenen Bereich festgestellt.

Man vermutete nun, daß sich die Amazonitgranite im Bereich der Lagerstätte in Form eines verborgenen Körpers fortsetzen und daß die Quarz-Amazonitgänge in der Tiefe durch das Hangende dieses Granitkörpers begrenzt werden. Folgende Untersuchungsergebnisse präzisierten diese Annahme:

1. Die Sphärolithporphyrgänge sind ältere Bildungen als die Amazonitgranite, wie die Eruptivbrekzien, in denen scharfkantige Bruchstücke der gebänderten Sphärolithporphyre durch feinkörnigen Amazonitgranit zementiert werden, zeigen. Außerdem wurden Bereiche angetroffen, in denen die Sphärolithporphyre von Trümern des Amazonitgranits durchörtert werden. Diese Daten gestatten den Schluß, daß die Amazonitgranitintrusion während ihrer Formierung die bereits existierende breite Zone der Bruchstörungen benutzen konnte, innerhalb derer die Sphärolithporphyrgänge vorhanden waren. Dadurch erklärt sich auch das N—S-Streichen des nördlichen Teiles des Granitmassivs und wird seine mögliche Fortsetzung unter der Lagerstätte als verborgener Körper bestätigt.

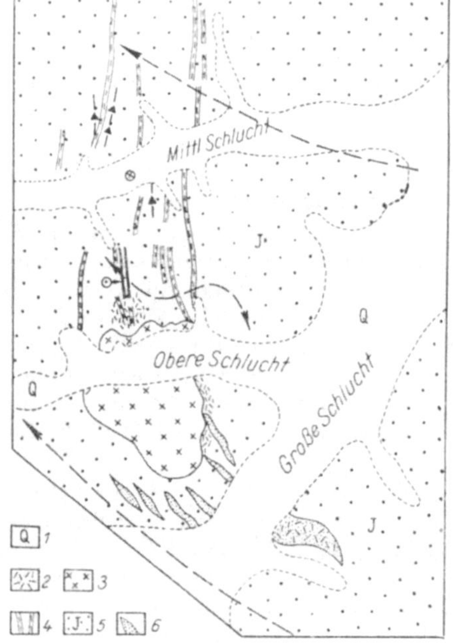

Schema des geologischen Aufbaus des Gebiets der Lagerstätte

1 — proluviale und alluviale Ablagerungen; 2 — Greisen, 3 — Amazonitgranite, 4 — Sphärolithporphyre, 5 — Sandsteine, 6 — Aleurolithe, 7 — Erzgänge, 8 — tektonische Brekzien, 9 — Faltenachsen, 10 — Bereich, in dem in den Schürfen Amazonitgranitblöcke angetroffen wurden, 11 — Bohrungen, die Amazonitgranite angetroffen haben

[1)] Aus: „Sowjetskaja Geologija", Bd. 53, S. 98—101 (1956). — Übers.: W. Oestreich

2. Zwischen dem nördlichen Kontakt des Granitmassivs und den Erzgängen der Lagerstätte sind Sandsteine und Aleurolithe in feinkörnige Topasgreisen umgewandelt, die in ihrer Zusammensetzung und Struktur den Greisen der Außenzone am östlichen Kontakt des Granitmassivs entsprechen. Die intensivste Vergreisung ist in der Nähe der Sphärolithporphyrgänge zu beobachten. Einige Bereiche der Porphyre sind ebenfalls verändert. In ihnen sind große Mengen von Topas und Glimmer festzustellen. Die Bruchstörungen, die sich längs der Kontakte der Gesteinsgänge hinziehen, dienten offensichtlich als Kanäle, auf denen die Lösungen aus der tiefgelegenen Amazonitintrusion eindrangen und die Sandsteine in Topasgreisen umwandelten.

3. In den unteren Teilen einiger Schürfe, die die Lockerschichten der Mittleren Schlucht aufschlossen, wurden große Trümmer und Blöcke von Amazonitgraniten angetroffen. Diese Granite ähnelten denjenigen des Massivs der Oberen Schlucht. In der Mittleren Schlucht bilden sie offensichtlich das primäre Bett des Tales.

4. Die absoluten Höhenmarken sind in der Oberen und der Mittleren Schlucht gleich; die genannten Schürfe sind nicht über 10 m tief. Daraus ließ sich schließen, daß das Hangende des verborgenen Amazonitgranitkörpers unter dem Bereich der Lagerstätte fast horizontal liegt, mit einer geringen Neigung nach Norden. Daher wurde unter Berücksichtigung der maximalen Überhöhung des an der Wasserscheide liegenden Teiles der Lagerstätte gegenüber den Schluchten angenommen, daß die Lagerungsteufe der Amazonitgranite nicht mehr als 150—200 m beträgt.

5. Ähnliche Lagerungsteufen müssen auch die erzführenden Quarz-Amazonitgänge haben. Da sich in einigen Bereichen des östlichen Kontakts des Granitmassivs, das an der Oberfläche aufgeschlossen ist, die Quarz-Amazonitgänge in den Graniten nur einige Meter verfolgen lassen, während der größte Teil in den metamorphosierten umgebenden Sedimenten liegt, muß die Lagerungsteufe des Hangenden des vermuteten verborgenen Amazonitgranitkörpers gleich der Verbreitungsgrenze der erzführenden Quarz-Amazonitgänge auf der Lagerstätte sein. Auf Grund dieser Erwägungen wurde die maximale zu projektierende Teufe der Bohrungen (150—200 m) für die Erkundung der Lagerstätte festgelegt. Die Bohrungen müssen in den Amazonitgraniten enden.

Diese Prognosen wurden teilweise bereits durch die Bohrergebnisse bestätigt. Die erste im Bereich der Lagerstätte niedergebrachte Bohrung durchsank die Folge der Erzgänge und trat bei einer Teufe von 120 m in den verborgenen Amazonitgranitkörper ein; dieser Granit ähnelt dem zutage ausgehenden.

Daß sich die Amazonitgranite als verborgene Körper auch nach Südosten von der Linie ihres südöstlichen Kontakts an der Oberfläche aus fortsetzen können, wird z. B. durch die Vergreisung der Sedimentgesteine am rechten Rand der Großen Schlucht angedeutet.

Obwohl die untersuchte Lagerstätte durch spezifische Besonderheiten gekennzeichnet ist, sind die Verf. der Meinung, daß das gewählte Beispiel eine gewisse allgemeine Bedeutung für die Bestimmung der maximalen Lagerungstiefe der Vererzung und für das Aufsuchen nicht zutage ausgehender Erzkörper hat und daß diese Kriterien bei der Suche von Lagerstätten einiger seltener Metalle, bei denen der genetische Zusammenhang mit bestimmten Intrusivkörpern sicher ist, angewendet werden können. Zur Lösung dieser Aufgabe müssen eingehend untersucht werden:

a) die tektonischen Strukturen der die Intrusivkörper und die damit zusammenhängenden Erzkörper umschließenden sedimentären Folge;

b) die Altersverhältnisse zwischen Intrusiv- und Erzkörpern;

c) der Charakter der veränderten Nebengesteine in den Bereichen der aufgeschlossenen Kontakte eines Intrusionskörpers, ferner in Bereichen, in denen die veränderten Gesteine nicht unmittelbar mit dem Intrusivkörper in Kontakt stehen;

d) die Höhenlage der einzelnen Teile der geologischen Struktur, vor allem der durch die Erosion angeschnittenen Teile des Intrusivkörpers, und der Erzbildungen.

Allgemeine Prinzipien einer regionalen metallogenetischen Analyse[1)]

W. I. SERPUCHOW, UdSSR

Referiert von HANS-JÜRGEN TESCHKE, Berlin

Wenn es bisher noch nicht gelungen ist, allgemein gültige Gesetzmäßigkeiten in der Verteilung endogener Lagerstätten zu finden, so liegt das unter anderem daran, daß die mit der Vererzung zusammenhängenden Vorgänge oft ohne Beziehung zur geologischen Gesamtentwicklung der entsprechenden Gebiete betrachtet wurden. Demgegenüber zeigen erste Versuche in Ostsibirien, Kasachstan und Mittelasien, lagerstättenkundliche Fragen im Zusammenhang mit großtektonischen Entwicklungszyklen zu lösen, bereits deutliche Erfolge.

Erste Forderung für die metallogenetische Analyse eines Gebietes ist die Ausscheidung bestimmter geologischer Entwicklungsetappen, die sich in Form charakteristischer geologischer Formationen und tektonischer Strukturen abbilden.

Die sogenannten Anfangsetappen entsprechen zeitlich der geosynklinalen Krustenabsenkung einschließlich der ersten Faltungsbewegungen; für sie sind vulkanogen-karbonatische und vulkanogen-kieselige Serien typisch. Mit den Effusiva sind oberflächennahe Diabas-, Porphyrit-, Albitophyrintrusionen assoziiert. Den ersten Faltungsbewegungen sind Ultrabasite und Basite mit der bekannten Metallführung zugeordnet.

Die Frühetappen umfassen den Zeitraum von der ersten intensiven Faltung bis zum Einsetzen der zweiten großen Faltung. Bei wesentlich schwächerem Vulkanismus kommen vorwiegend Flyschserien zur Ablagerung. An recht verwickelte Intrusivkomplexe sind Magnetit, Kupfer, Arsen, seltener Kobalt, Blei, Zink und Gold geknüpft.

In den mittleren Entwicklungsetappen — zeitlich identisch mit der Hauptfaltung — herrschen Tonschiefer und Sandsteine vor. Zunächst kommt es zur Intrusion sogenannter präbatholithischer Gesteine (Diorite, Dioritporphyrite u. a.), denen unmittelbar Granodiorite sowie normale Biotitgranite und Biotit-Hornblende-Granite folgen. Charakteristisch für diese letztgenannten großen Batholithe sind unter anderem Skarnlagerstätten mit Scheelit und Molybdänit. Später intrudieren — meist an Überschiebungsbahnen — saure und ultrasaure Granite. Hierzu gehören z. B. gewöhnlich Pegmatite sowie hochtemperierte hydrothermale Zinn- und Wolfram-Lagerstätten.

Die späten Entwicklungsetappen von Faltengebieten beginnen mit Liparit-, Dazit- und manchmal Andesitergüssen. Tektonisch zeichnet sich diese Zeit durch eine Umgestaltung des Faltengebietes in Großschollen aus. Die Intrusionstätigkeit beginnt mit Intrusionen (Quarzdiorite, Granodiorite) in Form kleiner Stöcke und Gänge, an die die bekannten Goldlagerstätten geknüpft sind. Eine weitere Intrusivformation besteht aus Graniten, Granodioriten, Daziten, Lipariten mit einer Quarz-Zinnstein-Vererzung. Noch später und bereits zu den Schlußetappen überleitend erfolgt eine Silber-, Gold-, Antimon-, Quecksilber- und Arsenvererzung.

Während der Schlußetappen dringen auf tiefreichenden Krustenspalten saure Gesteine mit erhöhtem Alkaligehalt auf. Die Intrusivformationen werden vertreten durch ober-

1) Aus: „Sowjetskaja Geologija", Nr. 43, S. 27—42

flächennah aufgedrungene Granosyenite, Syenite, Alkaligranite, Alaskite u. a. sowie durch Diabase und Gabbrodiabase. Folgende Mineral- und Erzkomplexe sind charakteristisch: 1. Hämatit, Manganoxyde, 2. Siderit, Magnesit, 3. Baryt, Witherit, 4. Fluorit, 5. Silbersulfide, Blei-Zink-Kupfer-Sulfide, 6. Kobalt- und Nickelarsenide mit gediegen Silber und Wismut, 7. Blei- und Zinksulfide (Typ Karatau).

Aus den bisherigen Untersuchungsergebnissen geht hervor, daß alle Intrusivkomplexe und die ihnen entsprechenden Erzminerale nur in bestimmten Strukturzonen auftreten, während sie außerhalb dieser Zonen fehlen oder stark zurücktreten. J. A. BILIBIN hat derartige Einheiten mit bestimmten tektonischen Strukturen, mit stets vergleichbarer Magmentätigkeit sowie meist gleichen sedimentären Bildungen als metallogenetische Strukturzonen bezeichnet. Darüber hinaus hat sich gezeigt, daß jede metallogenetische Strukturzone stets dem allgemeinen Strukturplan untergeordnet ist. Mehrere dieser Zonen lassen sich meist zu sogenannten Struktur-Fazieszonen vereinigen (geosynklinales Senkungsgebiet, Rand- und Zwischensenken usw.).

Eingehend beschrieben werden entsprechende Beispiele aus dem Ural, dem südlichen und westlichen Tjan-Shan, dem Baikal-Bergland sowie aus der Minussinsker Senke.

Auch auf Tafeln bestehen zwischen der Verteilung der endogenen Vererzung und den tektonisch-magmatischen Vorgängen im Gebiet der benachbarten Faltengebiete enge Beziehungen. Allerdings lassen sich hier die Verhältnisse im einzelnen noch nicht überblicken.

Charakteristische Tafelformationen sind die sowohl effusiven als auch intrusiven Trappe. An sie geknüpft sind Kupfer-Nickel-Sulfide, Magnetit, gelegentlich Gold und Blei-Zink. Tiefere Intrusivkomplexe werden bisweilen von Ultrabasiten (z. B. Bushfeld-Komplex), manchmal von sauren Differentiaten basischer Magmen oder von Dioriten gebildet. Nicht weniger häufig sind Alkaligesteinskomplexe, die gewöhnlich intensiv differenziert sind und im Chemismus zwischen Alkalipyroxeniten bzw. Pyroxeniten bis zu Alkali- und Ultraalkaligesteinen variieren. Im Gefolge der Alkaliperidotite treten häufig Titan-Magnetit- und Diamantlagerstätten auf. Zu einer dritten Gesteinsgruppe gehören weitgehend differenzierte Komplexe, die einerseits Gabbros, Gabbrosyenite und Alkaligranite und andererseits Nephelin- und Pseudoleucitgesteine (z. B. Aldan) umfassen. Kontaktmetasomatische Lagerstätten in diesen Gesteinskomplexen enthalten Magnetit, Scheelit und Molybdänit, aber es kommen auch hydrothermale Gold-, Molybdän-, Zink- und Bleilagerstätten vor.

In bezug auf die Intrusivtätigkeit und die damit zusammenhängende endogene Mineralisierung erinnern Tafelgebiete am ehesten an entsprechende Bildungen der Früh- und z. T. der Spätetappen in Faltengebieten, obwohl hier die sauren Granitdifferentiate der basischen Magmen praktisch ohne Bedeutung sind.

Abschließend wird auf einige Besonderheiten exogener und metamorpher Lagerstätten eingegangen.

Ergebnisse von Drehwaage-Messungen an der Mitteldeutschen Hauptlinie (Abbruch von Wittenberg)

Mitteilung aus dem VEB Geophysik

ERICH BEIN, Leipzig

I. Allgemeines

Es war beabsichtigt, über die Ergebnisse von Drehwaage-Messungen zu berichten, die den gesamten Komplex der nördlichen Begrenzung der Mitteldeutschen Hauptscholle umfassen. Da die Messungen jedoch erst vor kurzem zu Ende geführt worden sind, liegt eine abgeschlossene Bearbeitung zur Zeit noch nicht vor. Diese Ausführungen sollen sich daher auf das Kernstück der tektonischen Einheit, das als Abbruch von Wittenberg bezeichnet worden ist, beschränken.

In den Jahren 1937/1938 waren bereits einzelne Gebiete am Nordostrande des Flechtinger Höhenzuges mit der Drehwaage vermessen worden und hatten in sehr eindrucksvoller Weise diese tektonisch so bedeutsame Linie auch als Schwereabbruch dargestellt. Nach längerer Unterbrechung wurden die Messungen im Jahre 1953 wieder aufgenommen und fortgeführt, wobei als erster Meßabschnitt das östlich Magdeburg liegende Gebiet zwischen Lindau und Wittenberg gewählt wurde, über das hier zu berichten ist.

Seit die von SIEMENS bearbeitete Schwereübersichtskarte der DDR vorliegt, die auf der Gravimeteraufnahme aus den Jahren vor 1945 basiert, hat die Vorstellung von dem Verlauf und dem Aufbau der sog. Mitteldeutschen Hauptlinie eine wesentliche Wandlung durchgemacht. BEYER (1933) hat diese Bezeichnung vorgeschlagen mit dem Hinweis darauf, daß die vorher übliche Bezeichnung „Magdeburger Uferrand" paläogeographischen Charakter trage und für diese wichtige tektonische Linie nicht geeignet sei und daß das Oligozänmeer über diesen „Uferrand" hinwegflutete. War man sich über die Bedeutung dieser tektonischen Linie als NE-Begrenzung der Mitteldeutschen Hauptscholle auch seit langem im klaren, so bestanden doch bis in die jüngste Zeit irrtümliche Vorstellungen über ihren Verlauf. Am Flechtinger Höhenzug selbst mit seinen Aufschlüssen des Paläozoikums war der Verlauf der Ohre-Störung hinreichend genau bekannt. Eine Anzahl von Bohrungen im Raum Haldensleben—Wolmirstedt, die auf dem abgesunkenen Flügel die Schichten vom Rotliegenden bis zum Keuper nahezu lückenlos nachweisen, vermittelte eine gute Vorstellung von der Sprunghöhe dieser Verwerfung, die mit mindestens 1000 m angenommen wurde. Von dort ab östlich entzog sich mit dem Eintauchen des Flechtinger Höhenzuges das alte Gebirge der unmittelbaren Beobachtung. Die in der Nordwestecke des Untersuchungsgebietes stehende, Ende des vorigen Jahrhunderts gestoßene Bohrung Deetz durchfuhr in einer Teufe von 310 m eine Verwerfung, die als Fortsetzung des Ohre-Abbruches angesehen wurde, so daß dessen Verlauf bis dorthin als gesichert anzunehmen war. Von den beiden rund 25 km weiter südöstlich stehenden Bohrungen Köselitz und Zieko hat die erstere unter 284 m junger Bedeckung Rotliegendes und Kulm, die zweite unter 218 m Bedeckung Rotliegendes und Oberkarbon angetroffen. Die Bohrungen stehen ohne Zweifel im Bereich der paläozoischen Hochscholle, sagen also über den Verlauf der Randspalte nichts aus. Der Befund der beiden Bohrungen Raackow und Bahnsdorf westlich Spremberg (Lausitz), die unter Tertiärbedeckung Muschelkalk bzw. Paläozoikum nachgewiesen haben, führte zu der Annahme, daß in der zwischen diesen beiden Bohrungen anzunehmenden Verwerfung die unmittelbare Fortsetzung der Ohre-Störung zu suchen sei, und es wurde der Begriff der „Ohre-Katzbach-Störung" geprägt. Auch BECK (1935) benutzt in seiner 1935 erschienenen Arbeit über den Flechtinger Höhenzug noch diese Bezeichnung. Wie erwähnt, ist die Vorstellung einer Mitteldeutschland in herzynischer Richtung nahezu geradlinig durchziehenden Verwerfung seit dem Vorliegen der Schwereübersichtskarte nicht mehr aufrechtzuerhalten, und wir möchten uns daher auch vom geophysikalischen Standpunkt dem von BEYER (1933) geprägten Begriff der „Mitteldeutschen Hauptlinie" anschließen; denn auch der Ausdruck „Mitteldeutscher Hauptabbruch", der zuweilen gebraucht wird, entspricht nicht der heutigen Erkenntnis.

Die allgemeine geophysikalische Situation ist kurz zusammengefaßt folgende: Die vermessene Schwereflanke ist ein Teil der großen Schwereflanke, die den Magdeburger Schwereblock und den zur gleichen gravimetrischen Ein-

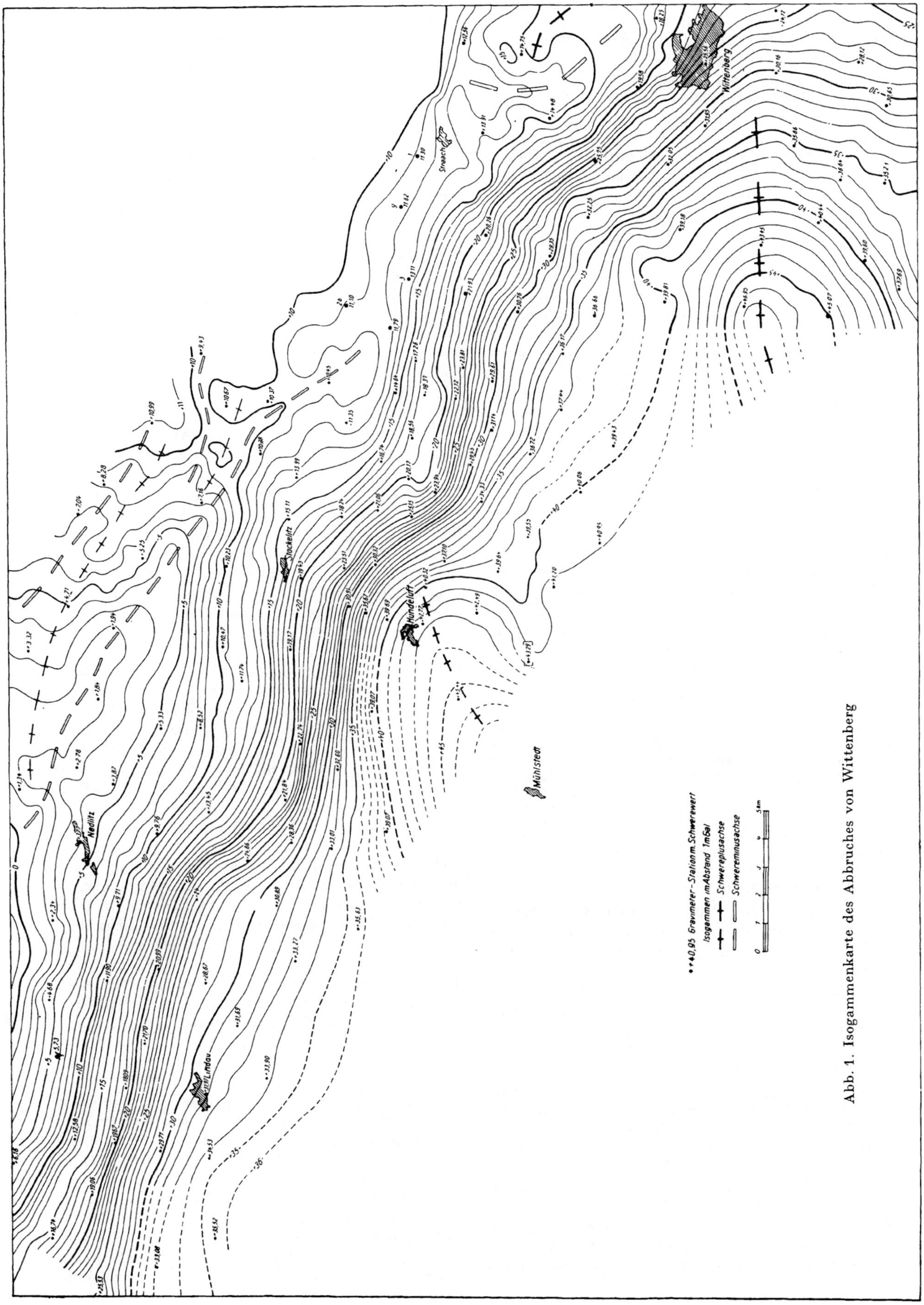

Abb. 1. Isogammenkarte des Abbruches von Wittenberg

heit gehörenden östlich anschließenden Dessauer Schwereblock nach NE begrenzt[1]). Der Schwereabfall beträgt hier, auf engsten Raum zusammengedrängt, etwa 30 mGal. Nach SE, bei Wittenberg, lösen sich die Isogammen auf, es schiebt sich von N her ein Schweretief ein, das die Schwereflanke abschneidet. Der östlich anschließende steilherzynisch streichende Lausitzer Schwereblock schafft gänzlich neue Verhältnisse. Die durch die schon erwähnten Bohrungen Raackow und Bahnsdorf belegte Verwerfung gehört einer anderen Schwereflanke, nämlich dem Lausitzer Hauptabbruch, an. So zeigt bereits die regionale Schwereübersicht, daß von der Ohre-Katzbach-Störung nicht mehr gesprochen werden kann.

Morphologisch gehört das Meßgebiet der diluvialen Hochfläche des westlichen Flämings und seinem südlichen Vorland sowie dem Breslau—Magdeburger Urstromtal an. Die glazialen Bildungen und das darunterliegende, durch Eistätigkeit stark gefaltete Tertiär sind für Drehwaage-Messungen nicht immer günstig und rufen stellenweise, besonders im Osten des Untersuchungsgebietes, starke Störungen in den Meßergebnissen hervor.

II. Aufgabenstellung

Die Spezialvermessung mit Hilfe der Drehwaage wurde durchgeführt, um den in großen Zügen aus der Schwereübersichtskarte bekannten Verlauf der Schwereflanke in seinen Einzelheiten zu erfassen und um Aufschlüsse über den speziellen Aufbau der Flanke zu erhalten, die ein regionales Schwerebild nicht zu geben vermag. Die Messungen wurden profilmäßig mehr oder weniger senkrecht zur Schwereflanke mit Profilabständen von 2—5 km und normalem Stationsabstand von etwa 200 m angelegt. Lediglich ein über die Bohrungen Köselitz—Zieko führendes Profil wurde mit 100 m Stationsabstand vermessen. Auch das Vorland des Abbruches ist mit Messungen großräumig überdeckt, indessen wurde von diesem Gebiet hier nur ein relativ schmaler Streifen mit übernommen.

Da neben der Darstellung der Ergebnisse in Gradienten- und Krümmungswerten auch das aus den Gradienten errechnete Schwerebild herangezogen wird, ist es vorteilhaft, die Drehwaage-Profile je nach Bedarf zur Sicherung des Niveaus und zur Herbeiführung eines guten Ausgleiches mit Gravimetermessungen im Abstand von 3—6 km zu besetzen. Das ist in diesem Gebiet geschehen, und so können sich die folgenden Betrachtungen auf die Isogammen- und die Gradientendarstellung stützen.

III. Die Meßergebnisse

Einen guten Überblick über den Verlauf des Schwereabfalles am Wittenberger Abbruch vermittelt die in Abb. 1 gezeigte Isogammendarstellung. Die Gradientendarstellung (Abb. 2) gibt jedoch erschöpfendere Auskunft über Einzelheiten. Von der gesamten Schweredifferenz zwischen den höchsten Werten des Dessauer Schwerehochs und den tiefsten Werten des nördlichen Vorlandes, die in der nordwestlichen Ecke des Untersuchungsgebietes etwa 40 mGal beträgt, entfällt der Hauptanteil von etwa 30 mGal auf einen 7—8 km breiten Streifen, der sich nördlich einer durch die Ortschaften Lindau—Hundeluft—Wittenberg gekennzeichneten Linie hinzieht und durch eine starke Zusammendrängung der Isogammen auffällt. Damit ist das herzynische Generalstreichen der tektonischen Hauptelemente gekennzeichnet. Deutlich läßt sich eine zweifache Bündelung der Isogammen erkennen, die schon die Zweiteilung der Störungslinie, auf die noch näher eingegangen wird, wiedergibt. Scharf ausgeprägte Richtungsänderungen innerhalb des Gesamtverlaufes der Linien lassen auf entsprechenden Verlauf des Abbruches schließen: Die in der NW-Ecke des Gebietes flachherzynisch streichenden Isogammen nehmen nach Osten zu einen welligen Verlauf und schwenken allmählich in steile herzynische Richtung ein, wobei im allgemeinen die erwähnte zweifache Gliederung gewahrt bleibt. Eine kräftige Isogammenverbiegung etwa 6 km östlich Hundeluft erzeugt eine Auflockerung, der indessen wohl nur lokale Bedeutung zukommt. Im SE, bei Wittenberg, bahnt sich das auffallende Umlaufen der Isogammen um den Dessauer Schwereblock an, der sich durch die sehr kräftige Schwereplusachse südlich Wittenberg in seinen Ausläufern darbietet. Deutlich erkennbar ist aber vor allem die starke Auflockerung der Schwereflanke, die eine grundsätzliche Änderung des Störungscharakters und somit auch des tektonischen Aufbaus der Flanke anzeigt. Darauf wird später noch zurückzukommen sein. Südlich der gekennzeichneten Linie stößt bei der Ortschaft Hundeluft eine kräftige erzgebirgisch streichende Schwereplusachse vor, die vermutlich mitverantwortlich ist für die Verbiegung der Isogammen bei Stackelitz. Sie bezieht ihre Wirkung ohne Zweifel aus tiefliegenden Ursachen varistischen oder gar assyntischen Alters.

Nördlich der Zone dichtester Isogammenscharung erstreckt sich eine gut ausgebildete Minusachse, ebenfalls streng herzynisch verlaufend, die als Spezialbildung der großen vorgelagerten Schweresenke von Stendal—Belzig angehört. Die schwächeren, nach Norden anschließenden Plus- und Minusachsen sind in diesem Zusammenhang ohne Bedeutung.

Gradientendarstellung

Wie schon erwähnt, bietet das in Abb. 2 dargestellte Gradientenbild wesentlich mehr Möglichkeiten zu einer detaillierten Deutung. Bei einer allgemeinen Betrachtung des Bildes fällt vor allem die straffe Ausrichtung der Gradienten in südwestlicher und südlicher Richtung auf das Dessauer Schwerehoch auf, die auf Grund ihrer ungewöhnlichen Größe (bis 90 E) Schlüsse auf die Bedeutung dieser Schwereflanke zulassen. Die Qualität der Gradienten ist im allgemeinen gut, die Werte streuen nicht wesentlich und lassen gruppenweise einheitliche Tiefenwirkung erkennen. Auf lokale Abweichungen kann in diesem Zusammenhang nicht eingegangen werden. Deutlich ist von NW her auf eine Länge von etwa 35 km eine Dreiteilung der Gradientenmaxima festzustellen, von denen das mittlere auf Grund seiner besonders kräftigen Ausbildung als die Hauptstörung anzusehen ist. Wenn auch teilweise ein engerer Profilabstand wünschenswert gewesen wäre, so lassen sich die einzelnen Gradientenmaxima doch mit genügend großer Wahrscheinlichkeit einander zuordnen und zu fortlaufenden Störungslinien verbinden. Im Abstand von etwa 2 km läuft die nördlich vorgelagerte Vorstörung dieser Hauptstörung fast genau parallel, während sich eine dritte Störungslinie von geringerer Bedeutung im Süden an die Hauptstörung parallel anlehnt. Die Krümmungswerte bestätigen im allgemeinen die beiden erstgenannten Maxima, wobei stellenweise eine geringe Verschiebung in Kauf genommen werden muß. Auf alle Fälle geben die Krümmungswerte hier sehr wichtige Anhaltspunkte und sichern die Zuordnung der einzelnen Gradientenmaxima in Fällen, wo Haupt- und Nebenstörung eng zusammenliegen und nahezu gleichgroße Gradientenamplituden aufweisen. Wie schon erwähnt,

[1]) Siehe dazu die Schwerekarte der DDR von SIEMENS (1953).

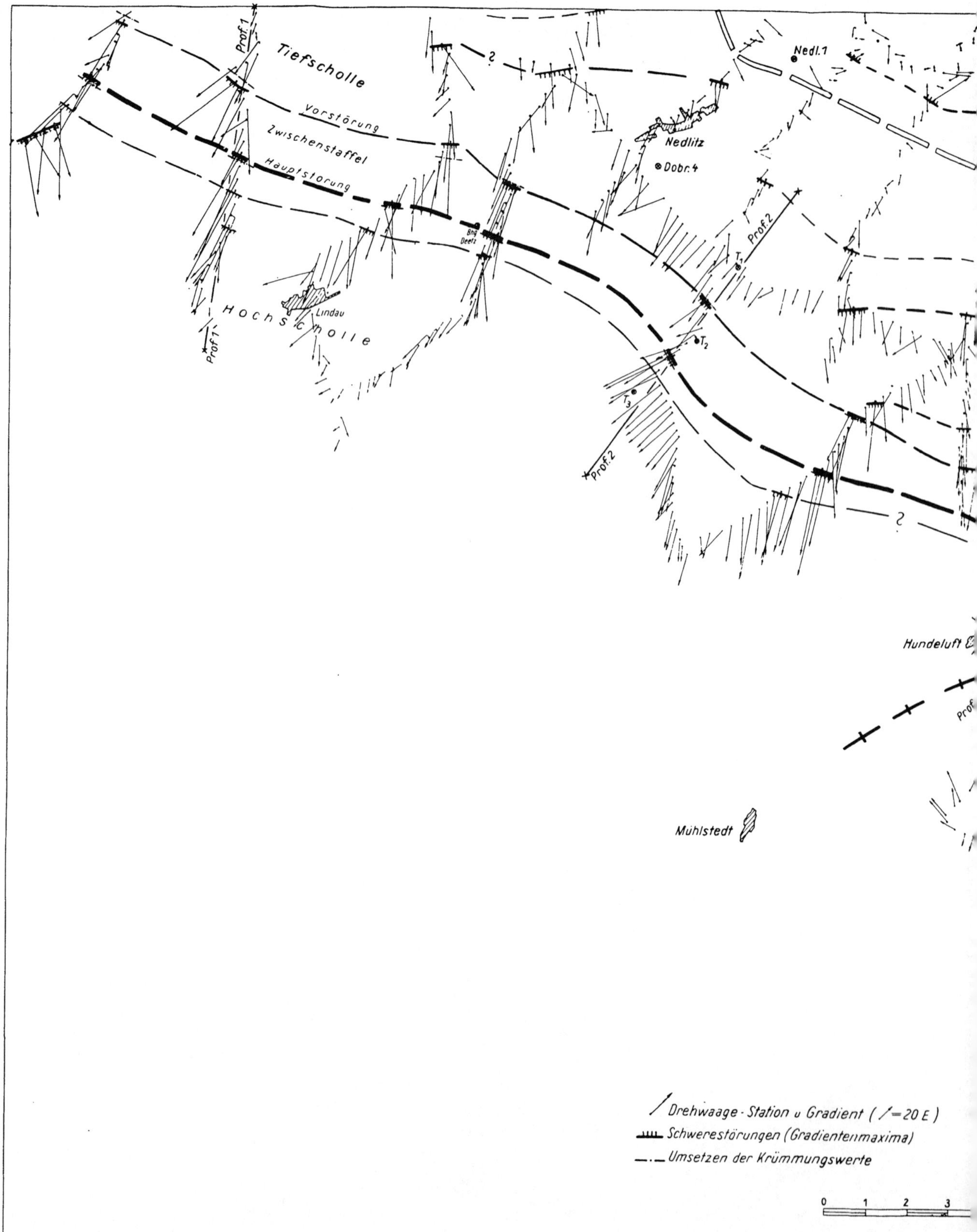

Abb. 2. Gradienten- und Strukturka
von Wittenberg

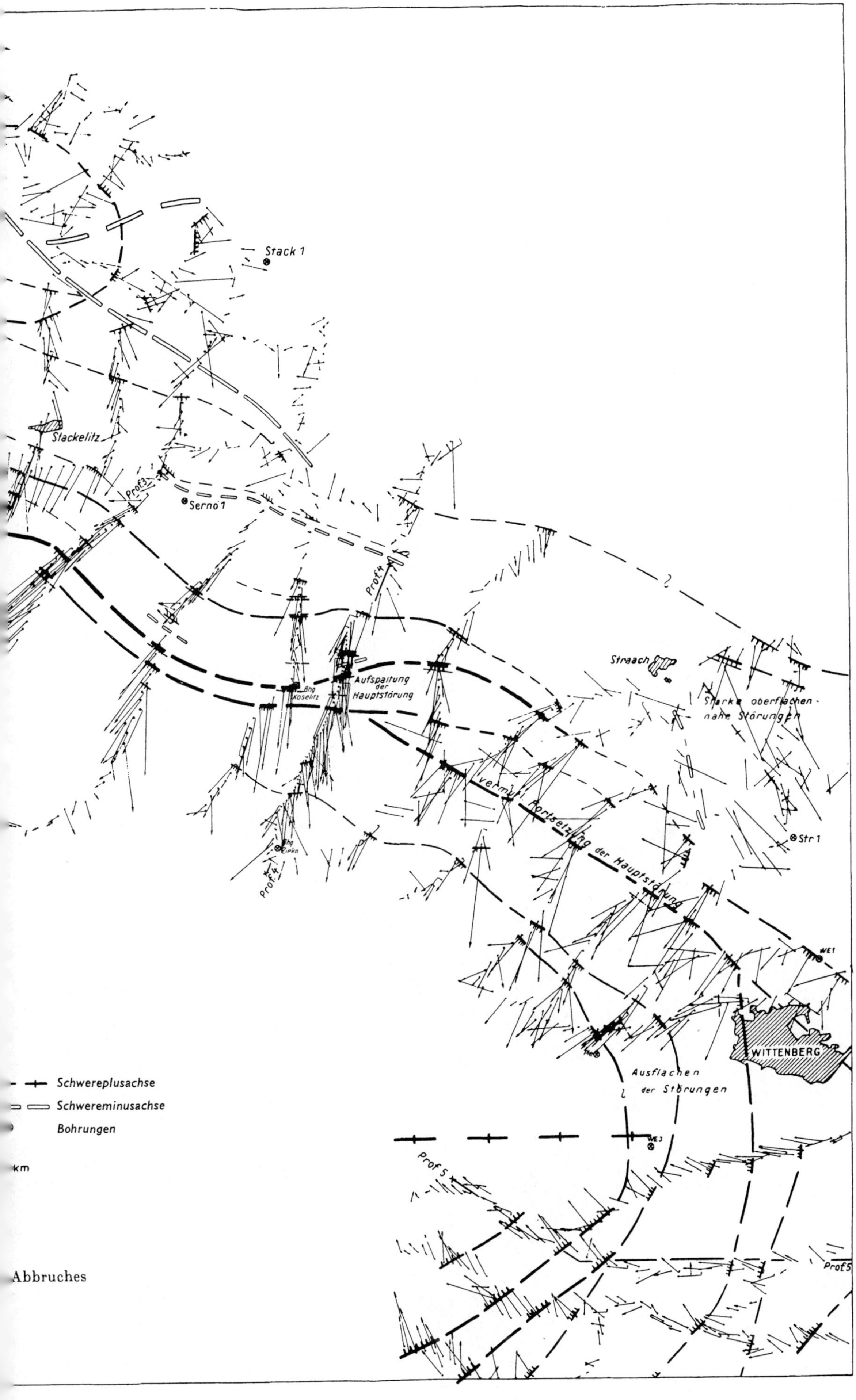
Stack 1
Stackelitz
Prof 3
Serno 1
Prof 4
Bhg Koselitz
Aufspaltung der Hauptstörung
Straach
Starke oberflächennahe Störungen
verm. Fortsetzung der Hauptstörung
Str 1
Prof 4
WE 1
WITTENBERG
Ausflachen der Störungen
WE 3
Prof 5
Prof 5
Schwereplusachse
Schwereminusachse
Bohrungen
km
Abbruches

läßt sich die im vorstehenden getroffene Rangordnung der Gradientenmaxima einwandfrei von Nordwest her bis in die östliche Gebietshälfte, bis etwa zu dem als Profil 4 gekennzeichneten Profil (Abb. 2), verfolgen, wobei wechselnde flach- und steilherzynische Richtungen im Verlauf des gesamten Störungssystems sehr scharf durch entsprechendes Abschwenken der Gradienten und Krümmungswerte belegt sind. Durchweg behalten die Haupt- und die Vorstörung ihre vorrangige Stellung, während die südlich gelegene Nebenstörung stellenweise so stark zurücktritt, daß sie kaum noch als selbständiges Maximum zu erkennen ist. Der entscheidende Schweresprung vollzieht sich ohne Zweifel an den ersten beiden. Etwa im Zentrum des Untersuchungsgebietes, bei der Ortschaft Stackelitz, sind gelegentlich weitere Störungslinien ausgebildet, die sich dem beschriebenen System richtungsgemäß vollkommen einordnen, sich auch in mehreren Profilen wiederholen, jedoch in diesem regionalen Zusammenhang kaum besonderes Interesse beanspruchen dürfen. Bemerkenswert ist indessen die auf zwei Profilen östlich von Profil 3 festgestellte Gradientenumkehr zwischen Haupt- und Vorstörung, durch die kleine Minusachsen angedeutet werden. Durch diese Umkehr der Schwerewirkung wird die bei der Besprechung der Isogammenkarte erwähnte lokale Auflockerung der Isogammen hervorgerufen. Ihr kommt wahrscheinlich nur lokale Bedeutung zu, wenn auch eine kräftige Störwirkung aus der Tiefe zugrunde liegen muß, da sie sich sonst kaum in dieser Form gegen die starke regionale Wirkung durchsetzen könnte.

Etwa vom Profil 4 (zwischen Hundeluft und Wittenberg) nach SE nimmt das Gradientenbild einen völlig anderen Charakter an. Nach der östlichen Gebietsgrenze zu kommt eine außerordentlich starke Unruhe in das bisher sehr wenig gestörte Gradientenbild. Sie wird verursacht durch Wirkungen aus dem Pleistozän und Tertiär und ist in Gebieten starker glazialer Tätigkeit nicht ungewöhnlich. Wichtiger ist die Tatsache, daß das Bild sich von hier ab in seinem Grundaufbau ändert. Besondere Beachtung verdient hier das Profil 4, das im S über die Bohrung Zieko, in seinem mittleren Teil nicht weit östlich der Bohrung Köselitz verläuft und das wegen seiner besonders günstigen Lage zu diesen beiden Bohrungen mit 100 m Stationsabstand vermessen wurde. Es sei nebenbei bemerkt, daß der kürzere Stationsabstand in diesem Falle keinerlei Vorteile mit sich brachte.

Was bei dem Verlauf der Störungslinien auf diesem und auch schon auf dem in geringer Entfernung westlich verlaufenden Profil besonders auffällt, ist die Tatsache, daß sich hier die Hauptstörung, sowohl durch Gradientenmaxima als auch durch ein generelles Abschwenken der Gradientenrichtungen nach E belegt, in mehrere Äste aufspaltet. Die bisher als Hauptstörung bezeichnete Störungslinie greift im Bogen nach N vor, wobei sie sich der nördlich verlaufenden Vorstörung nähert und sich allmählich mit ihr zu vereinigen scheint. Sie schwenkt dann wieder in die alte Streichrichtung nach SE ein und klingt südlich Straach allmählich aus. Dafür gewinnt die bisher unbedeutendere südliche Nebenstörung, durch größere Maximalgradienten betont, stark an Bedeutung und setzt sich offenbar als vermutliche Fortsetzung der Hauptstörung geradlinig nach SE auf Wittenberg zu fort. Es ist trotz zum Teil sehr starker Oberflächenstörungen zu erkennen, daß das gesamte Störungssystem hier eine Versetzung nach S erfährt, die dadurch zustande kommt, daß die nördlichen Störungen ausklingen, während im S neue hinzutreten.

Weitere Drehwaage-Messungen, die östlich Wittenberg durchgeführt wurden, weisen die hier schon angedeutete Fortsetzung der Störungslinien mit SE-Streichen nach, wobei allerdings die bisher sehr kräftigen Maxima erheblich reduziert werden. Der Hauptanteil der Störungen dreht bei Wittenberg nach S ab und zieht, in mehrere Äste aufgespalten, in westlich offenem Bogen um das Dessauer Schwerehoch herum, wobei die Zone der Gradientenmaxima ganz erheblich an Breite zunimmt und deutlich erkennen läßt, daß die hier vorliegenden tektonischen Bedingungen gänzlich andere sind als am Wittenberger Abbruch mit seinem auf engem Raum zusammengedrängten Schwereabfall.

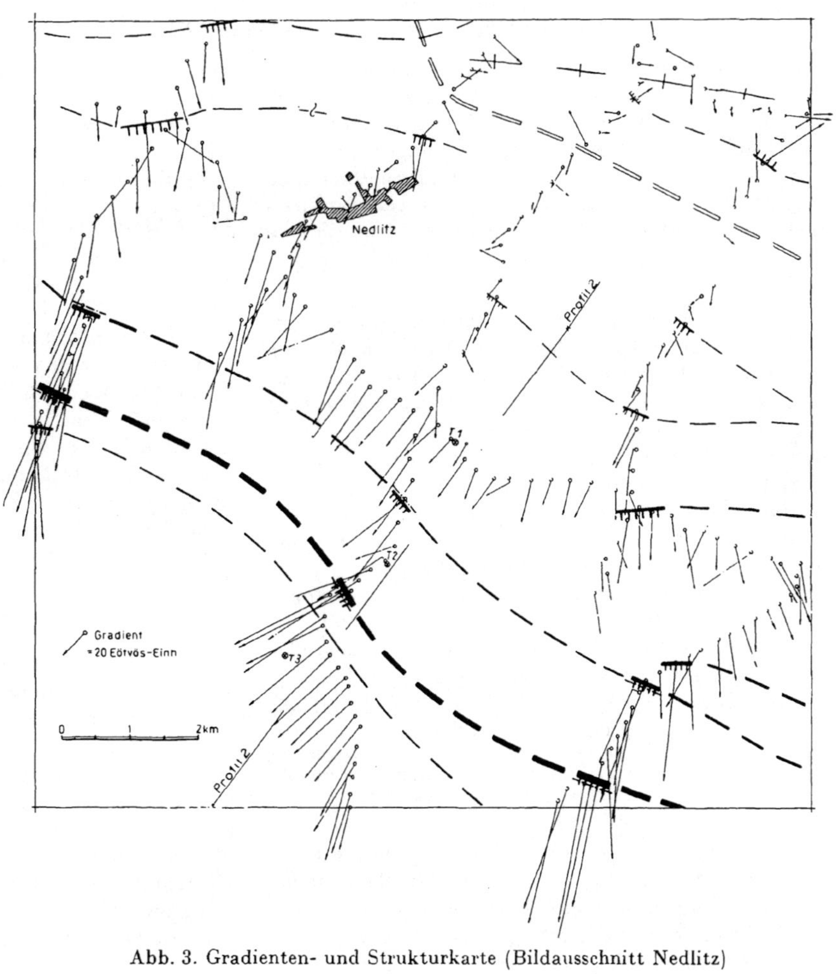

Abb. 3. Gradienten- und Strukturkarte (Bildausschnitt Nedlitz)

Abb. 4. Karte der Krümmungswerte (Bildausschnitt Nedlitz)

Abschwenken einzelner Werte unberücksichtigt bleiben muß. Die Krümmungswerte geben also lediglich die großtektonische Einteilung in das Schweretiefgebiet des nördlichen Vorlandes und in das Schwerehochgebiet der gehobenen Scholle an, wobei die Unterteilung des Abbruches in zwei Staffeln deutlich zum Ausdruck kommt. Die südlich der Hauptstörung verlaufende, aus den Gradienten abgeleitete Nebenstörung bildet sich in den Krümmungswerten nicht ab und konnte daher als Störung geringerer Bedeutung identifiziert werden. Auch das Schweretief in der Nordostecke, das in der Gradientenkarte als Schwereminusachse gekennzeichnet ist, kommt in den Krümmungswerten nicht zum Ausdruck, da deren Einstellung durch die großtektonische Situation sehr stabil ist. Es sei an Hand dieser beiden Abbildungen darauf hingewiesen, daß die exakte Lage der Störungen nur dort gesichert ist, wo Messungen vorliegen. Der hier als geschwungene Linie angenommene Verlauf der Randstörung könnte selbstverständlich auch mit Hilfe einer nordsüdlichen Versetzung durch eine Querstörung dargestellt werden. Dies zu entscheiden, würde es einer wesentlichen Verdichtung der Messungen bedürfen.

Da in dieser Arbeit nur die Hauptstörungen berücksichtigt werden können, sei nur noch kurz auf das sich im nördlichen Vorland durch Gradientenumkehr herausbildende flächenhafte Minimum hingewiesen, das sich im S, E und N auf Grund von Maximalgradienten umgrenzen läßt. Ein Abschluß nach W ist nicht festzustellen, es wird in dieser Richtung vermutlich in andere dort vorliegende Minimumgebiete einbezogen.

Krümmungswerte

In den vorangehenden Abschnitten ist verschiedentlich Bezug genommen worden auf die Krümmungswerte, von denen jedoch hier keine zusammenhängende Kartendarstellung für das Gesamtgebiet gegeben werden kann. In der Gradientenkarte sind lediglich durch strichpunktierte Linien die Stellen angegeben, an denen ein Umsetzen der Krümmungswerte erfolgt. Das ist meist bei kräftigen Gradientenmaxima der Fall, jedoch kann man bei genauer Betrachtung feststellen, daß das Bild von dieser allgemeinen Regel häufig abweicht.

Es soll aber nicht darauf verzichtet werden, an einem Ausschnitt aus der Karte zu zeigen, wie ausgezeichnet sich in manchen Fällen die beiden Drehwaage-Meßgrößen gegenseitig ergänzen und stützen.

Abb. 3 zeigt das Gebiet um die Ortschaft Nedlitz in der Gradientendarstellung mit den auf Grund der bestimmten Merkmale eingezeichneten Störungs- und Strukturlinien. In Abb. 4 sind die dazugehörigen Krümmungswerte und die auf Grund ihres Umsetzens gezogenen Störungslinien dargestellt.

Bemerkenswert ist hierbei zweierlei: die ideale Übereinstimmung der beiden als Hauptstrukturelemente des Abbruches angesprochenen Linien und die völlige Unterdrückung von Störungen untergeordneter Bedeutung im Bild der Krümmungsgrößen, wobei das gelegentliche

IV. Deutung der Meßergebnisse

Vor Deutung des Schwerebildes sei nochmals kurz die geologisch-tektonische und geophysikalische Situation zusammengefaßt. Unter einer mehr oder weniger gleichmäßigen, etwa 200 m mächtigen Decke von Pleistozän und Tertiär stehen sich die beiden tektonischen Einheiten gegenüber, die für die Gestaltung des Schwerebildes in seiner Grundanlage verantwortlich sind: die Hochscholle mit ihrem paläozoischen Gesteinsinhalt (Grauwacken, Tonschiefer, Kieselschiefer, evtl. Kristallin u. a.) und, an mehr oder weniger senkrechter Trennungsfläche oder in Staffeln abstoßend, die Tiefscholle mit der mesozoischen Schichtenfolge, über die wir durch Tiefbohrungen im Vorland des Flechtinger Höhenzuges gut informiert sind. Es ist sicher, daß durch die starken mechanischen Beanspruchungen, die eine Bruchtektonik derartigen Ausmaßes mit sich bringt, äußerst komplizierte Lagerungsverhältnisse im Bereich des Randspaltensystems geschaffen werden können. Es steht fest, daß das durch die Gradientenmaxima festgelegte Störungsbild in seinen Grundzügen durch die Dichtedifferenz zwischen Paläozoikum und Mesozoikum hervorgerufen wird. Eine Überschlagsrechnung ergibt für eine Sprunghöhe von etwa 1500 m bei einer angenommenen Dichtedifferenz von 0,25 g/cm³ eine maximale Gradientenwirkung von 60 bis 70 E, die sich noch beträchtlich erhöhen kann, falls durch miozäne oder diluviale Wiederbelebung der Störung (H. BECK 1935) weitere

Dichteverschiebungen unmittelbar unter der jungen Bedeckung oder innerhalb derselben auftreten. Die gemessenen Maximalgradienten liegen in der errechneten Größenordnung.

Ein sehr anschauliches und differenziertes Bild über den Gradientenverlauf bieten die in Abb. 5 gezeigten Gradientenprofile, deren Lage aus der Gradienten- und Strukturkarte (Abb. 2) ersichtlich ist.

Die Profile 1 bis 3 verlaufen über den Teil des Störungssystems, der sich durch besondere Gleichmäßigkeit der tektonischen Anlage auszeichnet. Die Gradientenkurven wurden alle etwas geglättet, indem einzelne offensichtlich durch lokale Beeinflussung herausfallende Werte unterdrückt wurden.

Bemerkenswert ist bei den Profilen 1 bis 3 die Ähnlichkeit im Grundaufbau der Kurven, auch wenn die Höhe der maximalen Störwerte ziemlich stark wechselt (etwa zwischen 70 und 90 E). Die höchsten Werte in der Mitte der Kurven entsprechen den Maximalgradienten über der Hauptstörung, die schwächeren Maxima rechts und links davon der nördlich vorgelagerten Vorstörung und der südlich angelagerten Nebenstörung, auf deren untergeordnete Bedeutung des öfteren hingewiesen wurde und die hier erneut deutlich wird. Der Anstieg zu den einzelnen Gradientenmaxima erfolgt nicht sprunghaft, sondern allmählich, so daß einmal auf das Vorliegen von Dichtedifferenzen bis in größere Tiefen, zum anderen auch auf ein Anschleppen der Schichten zur Störung hin geschlossen werden kann. Darüber hinaus ist die Anlage des gesamten Maximums sehr breit, so daß in großer Tiefe weitere Dichtesprünge zu vermuten sind. Eine durchgeführte Profilberechnung soll dies noch näher erläutern.

Das Gradientenprofil 4 zeigt die Aufspaltung der Störungen in noch weitere Äste, was schon bei der Besprechung des Gradientenbildes festgestellt wurde. Die größere Unruhe dieses Profiles mag zum Teil an dem engeren Stationsabstand liegen. Reell scheint die Gradientenumkehr bei der Bohrung Köselitz zu sein, da sie durch Nachbarstationen bestätigt wird.

Ein völlig anderes Bild als die Profile 1 bis 4 bietet das Profil 5, das südlich Wittenberg über die östliche Flanke des Dessauer Schwerehochs in Richtung W—E geführt wurde. Auf den gänzlich andersartigen Charakter dieser Schwereflanke war schon hingewiesen worden. Die Werte halten sich auf weiteste Entfernung etwa auf gleicher Höhe um 20 E und steigen gelegentlich zu Maximalwerten von nicht mehr als 30 bis 40 E an. Die Schwereflanke ist hier etwa doppelt so breit wie am Wittenberger Abbruch. Die sehr wenig markanten Maxima gestatten kaum noch die Festlegung stark abgegrenzter Störungslinien, sondern gehen teilweise in breiten Zonen ineinander über. Die größere Tiefenlage der störenden Ursachen sowie das wesentlich flachere Einfallen der Flanke sind hier unverkennbar.

Ein Versuch quantitativer Auswertung ist bei Profil 2, östlich Nedlitz, unternommen worden, wo zur Zeit der Anlage der Messungen das Niederbringen von drei Tastbohrungen vorgesehen war. Es wurde den Berechnungen nicht nur das Gradientenprofil 2 zugrunde gelegt, da dieses in den Maximalwerten der Gradienten hinter denen der benachbarten Profile zurücksteht, so daß es nicht als repräsentativ für diese Flanke angesprochen werden kann. Es wurde daher aus den Gradientenprofilen 1 bis 3 ein mittleres Gradientenprofil konstruiert, das allgemeine Gültigkeit für diesen Meßabschnitt besitzt (Abb. 6).

Es muß an dieser Stelle betont werden, daß Berechnungen geologischer Profile aus Gradientenprofilen nicht eindeutig sind, sondern daß sie unter Zugrundelegung bestimmter Annahmen über Dichte und Tiefe eine Lösungsmöglichkeit unter vielen anderen darstellen. Mehr als eine grundsätzliche Vorstellung der tektonischen Verhältnisse kann von einem berechneten Profil nicht erwartet werden. Vor allem sind auch die Trennungslinien zwischen den angenommenen Dichteeinheiten keinesfalls als feste stratigraphische Grenzen anzusprechen, obwohl der Wahl der Dichtewerte selbstverständlich bestimmte stratigraphische Vorstellungen zugrunde liegen.

Als das Profil konstruiert wurde, stand das Ergebnis der Bohrung T 1 zur Verfügung, die unter 227 m junger Bedeckung (Pleistozän und Tertiär) die Oberkreide angefahren hatte. Die Schichtenfolge wurde von den im Vorland des Flechtinger Höhenzuges stehenden Bohrungen sinngemäß übertragen, wobei die mit $\sigma = 2{,}35\ g/cm^3$ angenommene Schicht als junges Mesozoikum (Kreide—Keuper), die darunter folgenden Schichten mit $\sigma = 2{,}6$ als Muschelkalk, mit $\sigma = 2{,}4$ als Buntsandstein, mit $\sigma = 2{,}3$ als Zechstein mit starken Salzmächtigkeiten und mit $\sigma = 2{,}6$ als Rotliegendes

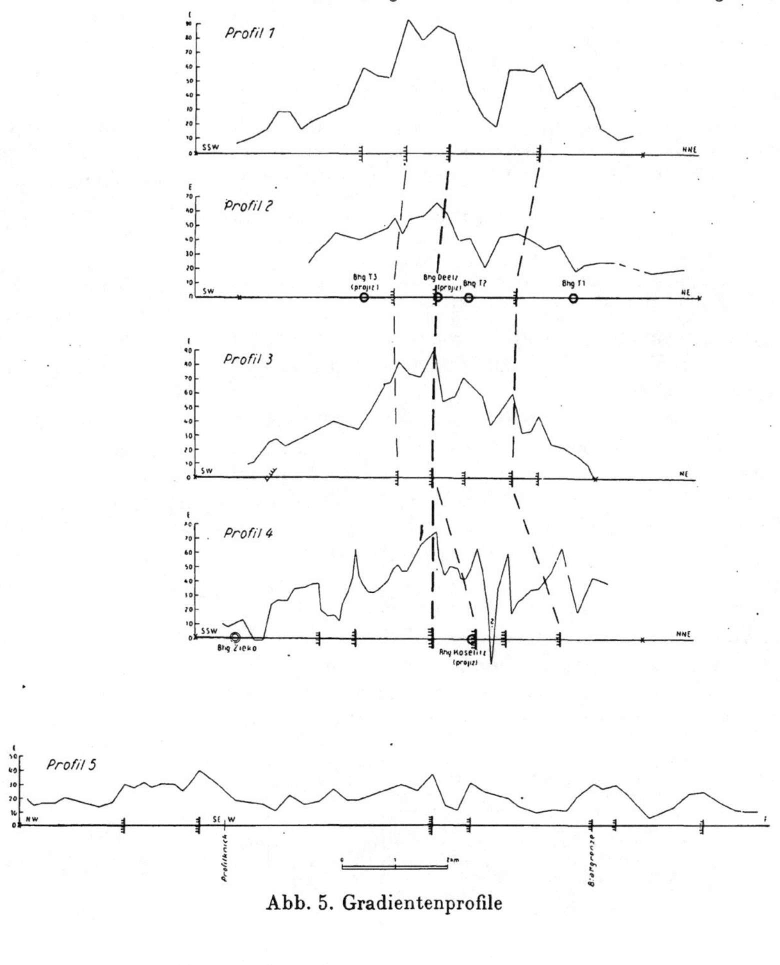

Abb. 5. Gradientenprofile

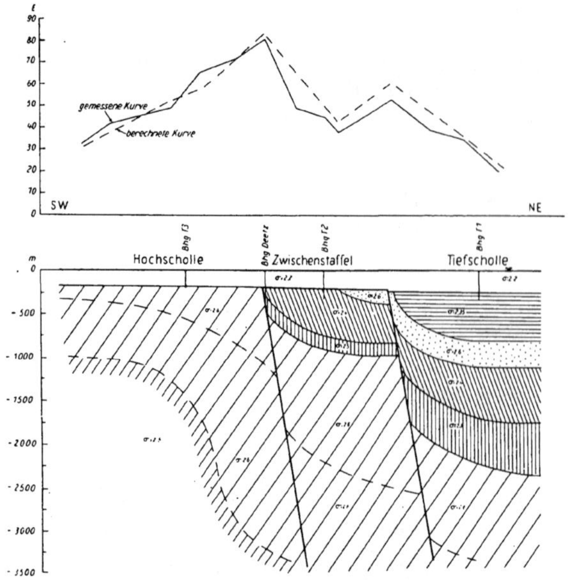

Abb. 6. Ergebnis einer profilmäßigen Deutung aus dem Gradientenprofil

und Älteres angenommen wurden. Die Lage der Verwerfungen war durch die Gradientenmaxima gegeben. Außerdem lag das Ergebnis der schon erwähnten Bohrung Deetz vor. Diese steht unmittelbar in der als Hauptverwerfung gedeuteten Störung und befindet sich somit in vollkommener Übereinstimmung mit dem geophysikalischen Befund. Das Liegende des Tertiärs war zur Zeit der Profilberechnung nicht bekannt und wurde auf Grund der sich aus dem Gradientenbild ergebenden Einteilung in Tiefscholle, Zwischenstaffel und Hochscholle mit $\sigma = 2,4$ als Buntsandstein, die darunter folgende Schicht mit $\sigma = 2,5$ als Zechstein mit keinem oder sehr wenig Salz gedeutet. Als Tertiärunterlage auf der Hochscholle wurde altes Gebirge (Kristallin, Altpaläozoikum, Karbon, Reste von Rotliegendem) angenommen. Die Bohrung T 2 traf unter Tertiär Röt an, die Bohrung T 3 Rotliegendes, so daß gute Übereinstimmung der berechneten und tatsächlich angetroffenen geologischen Verhältnisse festzustellen ist. Bemerkenswert ist die Tatsache, daß zur Erzielung der gemessenen Kurve auf der Hochscholle eine nochmalige Zunahme der Dichtewerte ($\sigma = 2,9$) nach der Tiefe angenommen werden muß. Ob es sich hier um stark gefaltetes, sehr dichtes Alt-Paläozoikum oder um Kristallin in basischer Ausbildung (Granit liegt bei 2,6) handelt, kann nicht entschieden werden. Der Übergang zu diesem schweren Gestein kann natürlich auch allmählich und in anderer Tiefe erfolgen.

Die berechnete Gradientenkurve, die dem angenommenen Profil entspricht, paßt sich der gemessenen Kurve gut an[2]).

Aus diesen Einzelbetrachtungen der verschiedenen Darstellungen der Meßergebnisse erhält man also das folgende Bild: Die Gradientenkarte läßt den herzynisch streichenden Verlauf des Wittenberger Abbruches in seinen Einzelheiten, soweit es die Profilabstände zulassen, sehr deutlich erkennen. Durch die von Maximalgradienten belegten Störungslinien, von denen zwei, die Haupt- und die Vorstörung, eine besonders bevorzugte Stellung einnehmen, zeigt sich von NW her auf eine Erstreckung von ungefähr 35 km, bis etwa zur Bohrung Köselitz, eine straff gegliederte Einteilung des Abbruches in Hochscholle, Zwischenstaffel und Tiefscholle. Die geologisch-tektonische Deutung des Gradientenbildes ist durch verschiedene Bohrungen bestätigt:

1. Die Bohrung Deetz, die nach Durchsinken von Buntsandstein, Oberem und Mittlerem Zechstein eine Verwerfung durchfuhr und im Oberkarbon steht. Sie bestätigt ausgezeichnet den gravimetrisch festgestellten Verlauf des Abbruches.
2. Die Bohrungen T 1, T 2 und T 3 (Dobritz), die unter Tertiär von nur wenig wechselnder Mächtigkeit (227 m, 207 m, 160 m) Oberkreide bzw. Röt bzw. Rotliegendes erbohrt haben und damit die im errechneten Profil ermittelte tektonische Situation bestätigt haben.
3. Die Bohrungen Zieko und Köselitz, die unter 218 m bzw. 284 m Tertiär nach Durchteufen von geringmächtigem Rotliegendem im Oberkarbon bzw. Kulm stehen. Nach dem Verlauf der gravimetrischen Störungslinien dürfte die Bohrung Köselitz unmittelbar am Rande der Hochscholle niedergebracht worden sein.
4. Die im Nordwesten des Gebietes stehende neuere Bohrung Dobritz 4, die unter 287 m Decke auf Oberkreide traf und die Situation der in der Bohrung T 1 belegten Tiefscholle erneut bestätigt.
5. Die Bohrung Serno 1 südöstlich Stackelitz, die unter 257 m Bedeckung ebenfalls in der Oberkreide steht.

In den beiden Profilen westlich und östlich der Bohrung Köselitz zeigt sich, allerdings als lokal begrenzte Erscheinung, vor der Hauptstörung eine durch kurze Gradientenumkehr belegte Minusachse, die mit einer Spezialtektonik, evtl. auch Salzanschleppung oder -aufpressung, in Zusammenhang gebracht werden kann.

Das System der Randspalte ändert sich östlich der Bohrung Köselitz grundsätzlich, da sich ab hier die Störungen weiter zerfiedern. Die bisher dominierende Hauptstörung löst sich, indem sie sich im Bogen nach N verlagert, in ihrem weiteren Verlauf nach SE allmählich auf. An die Stelle der bisherigen Hauptstörung tritt eine nach S verlagerte herzynisch streichende Linie, die als vermutliche Fortsetzung der Hauptstörung anzusprechen ist und deren weiterer Verlauf (allerdings mit stark verminderter Störungsintensität) nach SE über die Gebietsgrenze inzwischen nachgewiesen wurde. Das Gebiet nördlich dieser Linie ist somit als Tiefscholle anzusprechen, wobei hier die Zwischenstaffel nicht mehr so deutlich abgegrenzt erscheint. Die Bohrung Straach 1 am östlichen Gebietsrand hat unter 249 m Tertiärbedeckung Jura (?) erbohrt, die Bohrung Wittenberg E 1 (nördlich Wittenberg), die sehr nahe an das System der Hauptstörung herangerückt erscheint, steht unter 221 m Bedeckung im Lias/Rhät (?).

Der bei Wittenberg in breiter Front nach S abbiegende Hauptanteil der Störungslinien lehnt sich an die östliche Flanke des Dessauer Schwerehochs an. Der Störungscharakter ist hier, wie schon erwähnt, ganz anders als der des Wittenberger Abbruches. Das alte Gestein dürfte entlang dieser Staffeln, die sich in das östlich anschließende Gebiet noch weiter fortsetzen, allmählich absinken. Die Ergebnisse der Bohrungen Piesteritz und Wittenberg E 3 westlich bzw. südwestlich Wittenberg, die Rotliegendes bzw. Unterkarbon erbohrt haben, entsprechen dieser Vorstellung. Die jüngeren Schichten werden sich vermutlich nach Osten zu mit mehr oder weniger starkem Einfallen auflagern.

Das flächenhafte Minimum im nördlichen Vorland östlich Nedlitz, das einem System von nach NW fortsetzenden Minima angehört, ist mit Salztektonik in Zusammenhang gebracht worden, da es schon einer kräftigen Wirkung im Untergrund bedarf, um die nördliche Gegentendenz gegen die Schwereflanke des Wittenberger Abbruches zu erzeugen. Refraktionsseismische Messungen haben dort eine Struktur festgestellt, die zwar

[2]) Aus einem Verf. erst nach Abschluß der Arbeit zur Kenntnis gelangten ausführlichen Schichtenverzeichnis der auf der „Zwischenstaffel" stehenden Bohrung T 2 geht hervor, daß die durchbohrten Schichten durchweg stark geneigt sind und auf entsprechend steile Anschleppung der Trias zum Hauptabbruch schließen lassen. Unter dieser Annahme würde der Übergang Keuper/Muschelkalk ein Gradientenmaximum (Vorstörung) und der Übergang Muschelkalk/Buntsandstein eine Gradientenverkürzung erzeugen können, so daß man die Gradientenkurve auch ohne Heranziehung einer zweiten Verwerfung deuten könnte. Auf Grund des Bohrbefundes neigt Verf. jetzt mehr zu dieser Deutung.

nicht in ihrer Abgrenzung, doch aber in ihrer generellen Lage mit dem Schwereminimum übereinstimmt. Die inzwischen niedergebrachte Bohrung Nedlitz 1 (nördlich Nedlitz) weist unter mehr als 400 m (!) Tertiärbedeckung den Unteren Buntsandstein in Hochlage nach. Die große Tertiärmächtigkeit unterstützt zwar die Minimumwirkung, dürfte aber nicht zur Erzeugung des Gesamtminimums ausreichen, so daß weiterhin eine erhöhte Salzmächtigkeit angenommen werden darf. Die östlich außerhalb des Minimums stehende Bohrung Stackelitz 1 steht unter 469 m Tertiär im Mittleren Keuper, befindet sich also auf der abfallenden Flanke. Die Annahme, daß die erhöhte Tertiärmächtigkeit nicht für das Minimum verantwortlich ist, findet hier ihre Bestätigung.

Es sei noch kurz erwähnt, daß der gravimetrisch festgestellte Verlauf des Wittenberger Abbruchs ausgezeichnet übereinstimmt mit der durch refraktionsseismische Messungen festgestellten Grenze zwischen Kurz- und Langzeitengebieten.

Zusammenfassung

Mit Hilfe von Drehwaage-Messungen wurde der als Abbruch von Wittenberg bezeichnete Abschnitt der Mitteldeutschen Hauptlinie auf einer Länge von ca. 50 km untersucht. Die vorgelegten Karten der Gradienten und Krümmungswerte ermöglichen eine detaillierte Aussage über den Verlauf und Aufbau dieser wichtigen tektonischen Linie. Die Staffelung des Gradientenbildes läßt auf eine entsprechende tektonische Staffelung schließen und ermöglicht die Einteilung in Hochscholle, Zwischenstaffel und Tiefscholle. Unter Zugrundelegung eines Gradientenprofiles wurde der Versuch einer quantitativen Auswertung unternommen und ein geologisches Profil ermittelt, das durch Bohrungen recht gut bestätigt wurde. Nach SE, bei Wittenberg, ändert sich der Aufbau des Schwerebildes. Hier tritt die bis dahin vorherrschende Wirkung saxonischer Tektonik gegenüber der aus der Tiefe kommenden Wirkung des alt angelegten Dessauer Schwereblocks zurück, so daß mit einem Abklingen des Abbruchs von Wittenberg in seiner klassischen Ausbildung nach SE zu rechnen ist.

Резюме

С помощью вариометрических измерений был исследован на длине в 50 км участок Среднегерманской главной линии, известной под названием „Виттенбергского обрушения“. Предложенные карты градиентов и значений кривизны позволяют детальные выводы о направлении и строении этой важной тектонической линии. Расчленение картины градиентов дает основание предполагать соответствующее тектоническое расчленение и позволяет подразделение на вышезалегающую глыбу, промежуточную область и нижезалегающую глыбу. На основании профиля градиентов была сделана попытка количественной интерпретации и был установлен геологический профиль, довольно хорошо подтвержденный скважинами. В юго-восточном направлении, около г. Виттенберга, строение картины тяжести изменяется. Здесь преобладающее до этого места влияние саксонской тектоники уступает по сравнению с глубинным действием древнезаложенного Дессауского блока тяжести, так что следует ожидать затухания Виттенбергского обрушения в его классическом развитии в направлении на юго-восток.

Summary

By means of torsion balance measurements the section of the Central German Main Line described as „Wittenberg fracture“ was investigated for approx. 50 km in length. The gradient and curvature value maps presented enable a detailed statement of the course and structure of this important tectonic line. The staggered arrangement of the gradient diagram points to a corresponding tectonic staggering, and enables a classification in upper fault block, intermediate stagger and lower fault block. With the gradient section taken as a basis an attempt was made of a quantitative evaluation, and a geological section remarkably well confirmed by drillings was determined. Towards the south-east, near Wittenberg, the structure of the gravity diagram is changing. Here a so far prevailing effect of Saxonic tectonics makes way for the effect coming from the depth of the old Dessau gravity block, so that a decay of the Wittenberg fracture in its classical development towards the south-east must be considered.

Literatur

Beck, H.: Der Flechtinger Höhenzug. Sein varistischer und saxonischer Bauplan. — Schriften Geol.-paläont. Inst. Univ. Kiel, H. 4, 1935.
Beyer, K.: Die nordsudetische Rahmenfaltung. — Abhdl. naturforsch. Ges. Görlitz, 32. Bd., H. 1 (1933).
Klockmann, F.: Über den geologischen Bau des sogenannten Magdeburger Uferrandes. — Jb. königl. preuß. Landesanst. u. Bergakademie, Berlin 1892.
Siemens, G.: Die Schwerekarte der DDR. — Freib. Forsch.-H., C 7, 1953.
Stille, H.: Die mitteldeutsche Rahmenfaltung. — 3. Jb. d. Niedersächs. Geol. Vereins, Hannover 1913.
Thomas, E.: Strukturelemente im Norden der Deutschen Demokratischen Republik nach den Ergebnissen seismischer Refraktionsmessungen. — International Geological Congress, Norden 1960, XXI. Session.
Weigelt, J.: Die regional-geologische Bedeutung des Granitmassivs von Dessau. — Ber. naturwiss. Verein, H. 2, 1930.
Geologische Karte von Preußen (1:25000), Lieferung 249: Niegripp; Lieferung 175: Straach.
Abschlußberichte aus dem Archiv des VEB Geophysik, Leipzig (unveröff.).

Geologisch-geoelektrische Kartierungen für das Pumpspeicherbecken Wendefurth (Harz)

Mitteilung aus dem VEB Geophysik

Gerhard Adler & Wolfgang Horst, Leipzig

1. Einleitung

Von einem Meßtrupp des VEB Geophysik, Leipzig, wurden Ende 1958 im Bereich eines geplanten Pumpspeicherbeckens bei Wendefurth (Harz) südöstlich des Kohlen-Berges geoelektrische Widerstandskartierungen und Tiefensondierungen zum Nachweis von Gesteinsgrenzen, Störungen und der Mächtigkeiten der Lockergesteine durchgeführt.

An Hand dieses Beispiels soll erläutert werden, daß die geoelektrische Methode nicht nur zur Ergänzung, sondern auch als Hauptbestandteil der geologischen Kartierung angewendet werden kann.

2. Geologische Situation

Das geoelektrisch untersuchte, 500×700 m große Gebiet (Abb. 1) liegt im Bereich der Blankenburger Faltenzone am Ostabfall des Kohlen-Berges bei Wendefurth.

Wie Lesesteinkartierung, Schürfe (1938, vom Geologischen Dienst Halle 1958 und von Verfassern angelegt) und Flachbohrungen (vom Geologischen Dienst Halle angesetzt) ergaben, kommt im Meßgebiet nur die Stufe der mitteldevonischen Wissenbacher Schiefer vor, Tonschiefer und Diabase. Die dunkel- bis schwarzgrauen Tonschiefer sind im allgemeinen von ziemlich einheit-

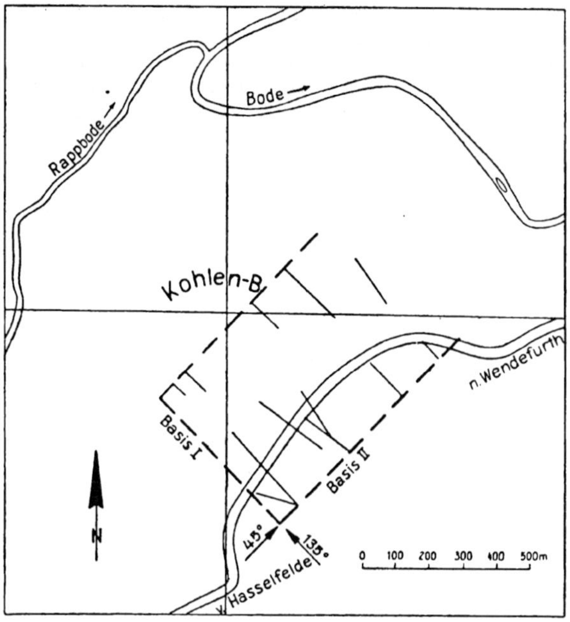

Abb. 1. Lageskizze des geoelektrischen Meßgebiets bei Wendefurth (Harz)

---- Grenze des Gebietes,
—— kartierte hercynische Störungen (der geologischen Spezialkarte, Blatt Blankenburg entnommen)

licher Beschaffenheit, mild, selten durch einen Gehalt an Feinsand rauh. Sie besitzen stets eine ausgeprägte, glatte Schieferung, die dem Gestein eine gute Spaltbarkeit verleiht.

Charakteristisch sind intrusive und effusive Diabase, die in den Tonschiefern bis zu mehreren Dekametern mächtige Lagen bilden. Die Diabase weisen z. T. Pillow-Struktur auf, z. T. besitzen sie beiderseitige Kontakte und werden als Lagergänge gedeutet (REUTER 1959). Die Mächtigkeit der Kontaktzone überschreitet kaum einen Meter. Häufig lassen sich auch die einzelnen Kontaktzonen in der Reihenfolge Adinol, Desmosit oder Spilosit verfolgen (REUTER 1959).

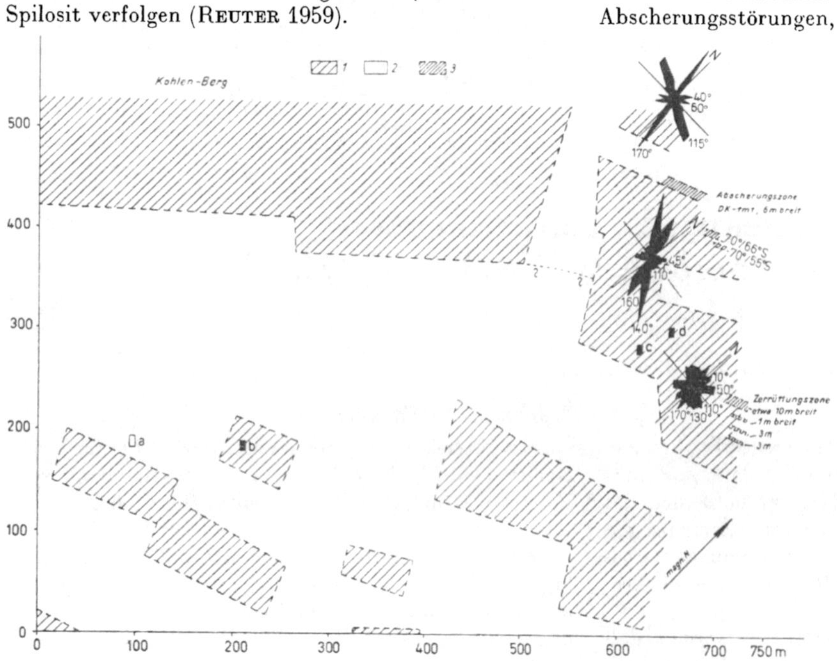

Abb. 2. Ergebnis der geologischen Lesesteinkartierung und Kluftmessungen (jeweils 300 Klüfte) im Bereich des Meßgebiets;
1 — Dk Diabas; 2 — tmt Wissenbacher Schiefer; 3 — Zerrüttungszone

Nach REUTER (1959) kommen außer dem Diabas noch Kieselschiefer, Kalksteine, Quarzite, Tuffe und Porphyroide als relativ unbedeutende Einlagerungen in den Wissenbacher Schiefern vor. Ein sehr hoher Pyritgehalt ist häufig. Unter Einfluß von Wasser und Luft zersetzt sich dieser unter Bildung von Schwefelsäure. Über dem festen Gestein befindet sich in der Regel eine bis zu 2 m mächtige Verwitterungsdecke.

3. Tektonik

Vorherrschende tektonische Elemente sind im Tonschiefer die Schieferungsfugen, im Diabas die Klüftung. Die Schieferungsflächen streichen erzgebirgisch, im Mittel 70° bei einem generellen Einfallen von 45° nach SE. Im Diabas tritt die Schieferung zurück.

Der Diabas gehört einem Vorkommen an, das sich weit über das Untersuchungsgebiet verfolgen läßt. Es liegt im Streichen der Schieferungsflächen und ist von hercyn streichenden Querverwerfungen stark zer-

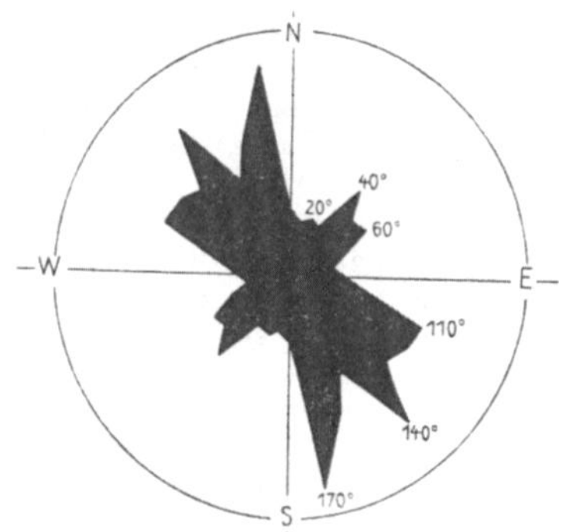

Abb. 3. Kluftrichtungen im Diabas, Neue Straße nach Rübeland (Sammeldiagramm, 900 Klüfte)

stückelt. Vom umgebenden Tonschiefer sind die massiven Diabasbänke häufig abgeschert worden. Diese Abscherungsstörungen, die parallel der Schieferungsebene SW–NE streichen, weisen eine hohe Wasserführung auf.

Infolge seiner Klüftigkeit ist der Diabas besonders wasserdurchlässig, während der Tonschiefer dagegen so gut wie wasserundurchlässig ist. Mit zunehmender Teufe schließen sich die Klüfte und Schieferungsfugen, da deren Klaffen auf Verwitterungserscheinungen zurückzuführen ist. Da die Wasserdurchlässigkeit nach unten kontinuierlich abnimmt, ist in größeren Teufen eine Wasserführung nicht auf die Klüftigkeit, sondern auf Störungen größeren Ausmaßes (z. B. Abscherungsstörungen zwischen Diabas und Tonschiefer) zurückzuführen.

Das Ergebnis von Kluftmessungen im Diabas an der neuen

Straße nach Rübeland im Nordostteil des Meßgebiets ist in drei Diagrammen zusammengefaßt (Abb. 2). Die Summe aller Kluftmessungen (900 Klüfte) ergab nachstehende Kluftrichtungen in der Reihenfolge ihrer Häufigkeit (Abb. 3):

1. frankonisch 160—170° — steiles Einfallen,
2. hercyn 130—140° — steiles Einfallen,
3. flachhercyn 110—120° — steiles Einfallen,
4. erzgebirgisch 40— 60° — steiles Einfallen,
5. rheinisch 10— 20° — steiles Einfallen,
6. 90° — steiles Einfallen.

Abb. 5. Karte der scheinbaren spezifischen Widerstände, Profilrichtung SE—NW (Legende s. Abb. 4)

4. Geoelektrische Messungen

Im Untersuchungsgebiet wurden entsprechend der Aufgabenstellung engmaschige Widerstandskartierungen nach WENNER mit einer Wirkungstiefe von a = 10 m durchgeführt. Die Profilrichtung betrug bei Abb. 4 N 45° E und war somit senkrecht zu den vermuteten hercynisch streichenden Störungen orientiert. Die elektrische Kartierung mit der Profilrichtung N 135° E (Abb. 5) diente vor allem der Ermittlung der erzgebirgisch streichenden Gesteinsgrenzen zwischen Wissenbacher Schiefer und Diabas. Einige Sondierungen bis maximal 30 m elektrischer Wirkungstiefe ergänzten die Kartierungsergebnisse und sollten eine Abschätzung der Mächtigkeit der Lockermassen ermöglichen.

Die Karte der scheinbaren spezifischen Widerstände (Abb. 4) zeigt großflächige hochohmige Gebiete bis maximal 2000 Ohmmeter sowie niederohmige mit Werten unter 100 Ohmmeter. Eine bevorzugte, allgemein SW–NE gerichtete Linienführung ist deutlich zu erkennen.

Im einzelnen erstreckt sich eine hochohmige Zone im Westen des Meßgebiets längs der Achse des Kohlen-Berges. Die hochohmigen Gebiete im Nordosten sind in einzelne Teile untergliedert und haben die größten scheinbaren spezifischen Widerstände der untersuchten Fläche. Im Süden und Südosten erscheinen einzelne kleinere Maxima mit Widerstandswerten über 600 Ohmmeter. Die übrigen Flächen weisen keine wesentlichen Widerstandsunterschiede auf, wenn von einer Minimalzone mit Werten unter 200 Ohmmeter abgesehen wird, die sich erzgebirgisch streichend über den zentralen Teil des gesamten Untersuchungsgebiets erstreckt.

Ein Vergleich mit den Ergebnissen der geologischen Kartierung des Meßgebiets (Abb. 2) zeigt, daß die hochohmigen Gebiete erwartungsgemäß mit dem Diabas zusammenfallen, während die niederohmigen Zonen vorwiegend auf den Wissenbacher Schiefer zurückzuführen sind. Die Grenze zwischen Diabas und Tonschiefer liegt im allgemeinen im Bereich von 400 bis 600 Ohmmeter, nur im Westen — am Kohlen-Berg — teilweise zwischen 600 und 800 Ohmmeter. Doch könnten diese Unterschiede lediglich durch ein verschiedenes Einfallen der Diabasdecken nach SE erklärt werden. So weisen die noch relativ hohen Werte an der Gesteinsgrenze Diabas—Tonschiefer am Zentrum des Kohlen-Berges auf ein flacheres Abtauchen des Diabases nach SE hin. Mit einer Unterbrechung des hochohmigen Gebietes zwischen den Profilen 1 und 15 bei etwa 570 m wird eine hercynisch streichende tektonische Störung angedeutet.

Im Norden der untersuchten Fläche an der neuen Verbindungsstraße nach Rübeland ist die Grenze Tonschiefer–Diabas als 6 m breite Abscherungszone zu erkennen. Das steile Nordeinfallen dieser Gesteinsgrenze und das Tonschieferpaket selbst werden durch die steilen Gradienten und die Widerstandsminimalzone bestätigt.

Im Südosten des Meßgebiets erscheinen die erwarteten Diabaseinlagerungen als hochohmige Zonen mit Werten über 400 bis 600 Ohmmeter, während der normale Wissenbacher Schiefer in Gebieten mit einem scheinbaren spezifischen Widerstand unter 600 bzw. 400 Ohmmeter zu suchen ist. Im Tonschiefer tritt noch die bereits erwähnte erzgebirgisch streichende Widerstandsminimalzone unter 200 Ohmmeter, teilweise unter 100 Ohmmeter, auf, die durch das gesamte Meßgebiet verläuft. Vermutlich handelt es sich hierbei um eine

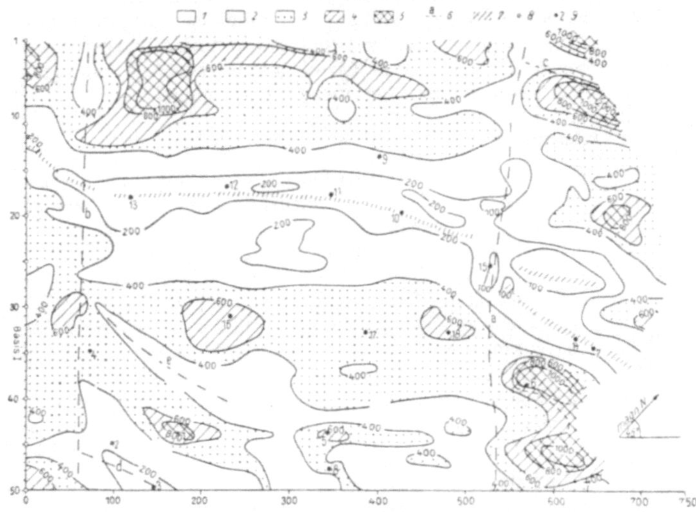

Abb. 4. Karte der scheinbaren spezifischen Widerstände, Profilrichtung SW—NE (Vierpunktmessungen a = 10 m)
1 — < 200 Ωm, 2 — 200—400 Ωm, 3 — 400—600 Ωm, 4 — 600—800 Ωm, 5 — > 800 Ωm, 6 — vermutete tektonische Störung a, 7 — vermutete Zerrüttungszone, 8 — Vermarkung, 9 — Sondierung 2, ——— 400-Ωm-Linie

stark zerrüttete Abscherungsstörung zwischen zwei Diabaskörpern mit dazwischen lagerndem Tonschiefer. Die Untersuchungsbohrung Nr. 5 brachte — abgesehen vom Hangendschutt — im Tonschiefer bis 15 m keinen Kerngewinn, während in der Endteufe Diabasbrocken auftraten.

Die tektonischen Störungen werden indirekt erfaßt, wenn sie Schichten unterschiedlicher Leitfähigkeit gegeneinander versetzen, wie es im Norden des Meßgebiets der Fall ist, wo der hochohmige Diabas nördlich dieser Störung weiter nach Osten reicht.

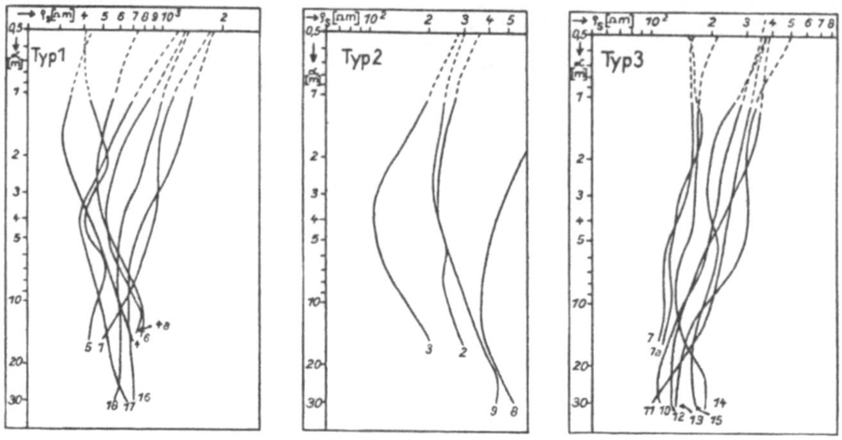

Abb. 6. Sondierungskurven nach WENNER zu Typen zusammengefaßt

Im Meßbild weniger gut ausgeprägt ist eine tektonische Störung im Westteil des Untersuchungsgebiets am Kohlen-Berg. Weitere nach der geologischen Spezialkarte Blatt Blankenburg (s. Abb. 1) anzunehmende hercynisch streichende tektonische Störungen erscheinen im Meßbild nicht, obwohl die Profilrichtung senkrecht zum Streichen dieser Störungen verläuft. Es kann daher angenommen werden, daß es sich um einfachere Verwerfungen und nicht um nennenswerte wasserführende oder verlehmte Spalten handelt. Elektromagnetische Messungen hätten hier besser Auskunft geben können.

Das Ergebnis des zweiten Widerstandsmeßbildes (Abb. 5) entspricht im wesentlichen denen der SW–NE-Kartierungsrichtung, wenn von geringen anordnungsbedingten Differenzen zum ersten Meßbild abgesehen wird. Mit der neuen Profilrichtung (SE–NW) können die Gesteinsgrenzen etwas genauer erfaßt werden, dagegen kommen die hercynisch streichenden Störungen nicht besser zum Ausdruck.

Die elektrischen Sondierungen nach WENNER wurden auf Grund der geologischen Verhältnisse und des unterschiedlichen scheinbaren spezifischen Widerstandes der Gesteine nach Typen geordnet (Abb. 6). Die Sondierungen über Diabas (Typ 1) zeigen generell hochohmige Werte über 400 Ohmmeter, wenn die Kurven teilweise auch recht unterschiedlich verlaufen. Meist besitzen die Kurven ein Minimum, das aber in keiner Beziehung zur Verwitterungsdecke steht. Die Sondierungen über Tonschiefer (Typ 2) liegen im niederohmigen Bereich bis etwa 400 Ohmmeter und zeigen einen ähnlichen Verlauf wie Typ 1. Während die Untersuchungsbohrungen Nr. 12, 13 und 15 im Wissenbacher Schiefer das Anstehende bei 2 bis 2,5 m antrafen, würde die Grenze bei den Sondierungen Typ 2 vermutlich auf Grund eines langsamen Überganges vom verwitterten zum frischen Material einige Meter tiefer liegen.

Die Zerüttungszone im Tonschiefer konnte auch mit den angesetzten Sondierungen nachgewiesen werden, deren Kurven in einem Bereich zwischen 100 und 300 Ohmmeter liegen (Typ 3). Nach den Ergebnissen reicht diese Zone teilweise noch tiefer als 15 m.

Zusammenfassung

Es wird ein Vergleich zwischen geologischer Kartierung und geoelektrischen Widerstandsmessungen und Tiefensondierungen nach WENNER gegeben.

Die Meßergebnisse geoelektrischer Widerstandsmessungen im Bereich eines geplanten Pumpspeicherbeckens bei Wendefurth im Harz erbrachten eine relativ gute Übereinstimmung mit den Ergebnissen der geologischen Kartierung. Neben den Gesteinsgrenzen zwischen Diabas und Tonschiefer (Wissenbacher Schiefer) konnten Störungen und eine breite Zerrüttungszone nachgewiesen werden. Tiefensondierungen zum Nachweis der Mächtigkeit der Lockergesteine ergaben auf Grund eines allmählichen Überganges vom verwitterten Gestein zum unverwitterten Gestein keine eindeutigen Tiefenwerte.

Резюме

Дается сопоставление геологического картирования с геоэлектрическим каротажем сопротивлений и глубинными зондированиями по ВЕННЕРу.

Результаты геоэлектрического каротажа сопротивлений в участке запланированного насосно-аккумулирующего бассейна около Вендефурт в Гарце показали относительно хорошее совпадение с результатами геологического картирования по камням. Наряду с границами пород между диабазом и глинистым сланцем (Виссенбахские сланцы) удалось доказать нарушения и широкую зону дробления. Глубинные сондирования с целью определения мощности рыхлых отложений в связи с постепенным переходом выветрелой породы в невыветрелую не дали однозначных величин.

Summary

A parallel is drawn between geological mapping and geoelectrical resistivity measurements as well as deep sounding according to WENNER.

Geoelectrical resistivity measuring results in the area of a pumped-storage basin planned near Wendefurth in the Hartz Mountains have shown a relatively good accord with results obtained by geological mapping. Disturbances and a wide zone of disorder could be identified in addition to rock boundaries between diabase and slate (Wissenbach slate). Based on a gradual transition from weathered to non-weathered rock, no clear depth values were obtained by deep soundings carried out to identify the thickness of loose rocks.

Literatur

ERDMANNSDÖRFFER, O. H.: Geologische Spezialkarte von Preußen usw. Blatt Blankenburg. — Berlin 1930.

REUTER, F.: Das Unterdevon und das Untere Mitteldevon südlich des Elbingeröder Komplexes/Harz. — Geologie, 8, S. 47—70, Berlin 1959.

Ingenieurgeologische Probleme beim Bau des Pumpspeicherkraftwerkes Hohenwarte II (Amalienhöhe)

ERHARD DITTRICH, Jena & HANS-JÜRGEN PAECH, Berlin

1. Einführung

Im Kreis Saalfeld befindet sich das Pumpspeicherkraftwerk Hohenwarte II im Bau. Es ist das zur Zeit größte Bauvorhaben im Bezirk Gera und hat für die gesamte Energiewirtschaft der DDR große Bedeutung.

Pumpspeicherkraftwerke haben bekanntlich die Aufgabe, die anfallende elektrische Überschußenergie, namentlich in der Nachtzeit, in einem hochgelegenen Speicherbecken in Form von Wasser zu speichern und sie zur Zeit des Spitzenbedarfs wieder nutzbar zu machen und den Verbrauchern zuzuführen. Es sind also ausgesprochene Spitzenkraftwerke, deren Prinzip sich bereits vielfach bewährt hat. So arbeiten z. B. im Gebiet der oberen Saale bereits das Pumpspeicherkraftwerk Bleiloch an der Bleilochtalsperre und das Pumpspeicherkraftwerk Hohenwarte I an der Hohenwartetalsperre. Zu diesen beiden Werken kommt nun noch die Anlage Hohenwarte II hinzu.

Die technischen und wirtschaftlichen Bedingungen sind für die Anlage des Pumpspeicherkraftwerkes Hohenwarte II außerordentlich günstig. Das Krafthaus mit den elektrischen Aggregaten, den Turbinen und Pumpen wird im Saaletal bei Hohenwarte errichtet (Abb. 1). Es steht direkt im Ausgleichsbecken Eichicht, das als unteres Speicherbecken für das Pumpspeicherkraftwerk Hohenwarte I gebaut worden ist und nun auch dem Pumpspeicherkraftwerk Hohenwarte II als unteres Speicherbecken dienen wird. Vom Krafthaus führen die Rohrleitungen den Hang des Saaletales hinauf zum oberen Speicherbecken. Der Höhenunterschied zwischen Oberbecken und Unterbecken beträgt 305 m bei einer horizontalen Entfernung von nur 700 m. Das Oberbecken ist ein künstliches Speicherbecken, das auf der Hochfläche zwischen drei Hügeln errichtet wird (Abb. 2).

Diese Gegebenheiten, vor allem das Vorhandensein eines unteren Speicherbeckens und der große Höhenunterschied, machen das Pumpspeicherkraftwerk Hohenwarte II zu einem energiewirtschaftlich äußerst günstigen Objekt. Das Pumpspeicherkraftwerk Hohenwarte II wird nach seiner Fertigstellung mit einer Leistung von 320 MW eines der größten Pumpspeicherkraftwerke Europas sein.

Einige wichtige Daten des Bauwerkes (nach G. GERSTENBERGER 1958):

Oberbecken	
Nutzinhalt	3,08 Mill. m³ = 2 Mill. kWh
Höhe der Speicherlamelle	14 m
Kronenlänge der Randmauern	1400 m
Maximale Mauerhöhe	28 m
Kronenlänge des Dammes	680 m
Höhe des Dammes	max. 25 m
Rohrbahn	
Höhenunterschied	305 m
Zahl der Rohre	8
Länge der Rohre	750 m
Durchmesser der Rohre	oben 2,6 m, unten 1,9 m
Krafthaus	
Zahl der Maschinensätze	8
Leistung eines Maschinensatzes	40 MW
Gesamtleistung	320 MW

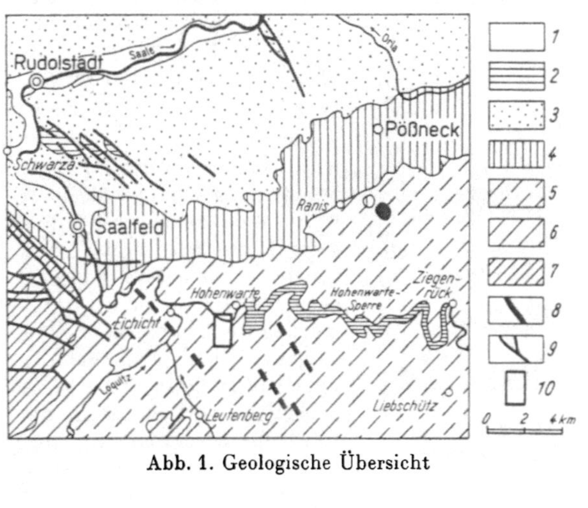

Abb. 1. Geologische Übersicht

1 — Quartär, 2 — Muschelkalk, 3 — Buntsandstein, 4 — Zechstein, 5 — Unterkarbon, 6 — Devon, 7 — Silur, 8 — Melaphyr, 9 — Verwerfung, 10 — Baustelle

Die Projektierung des Pumpspeicherkraftwerkes Hohenwarte II erfolgte durch den VEB Energieprojektierung, Außenstelle Dresden, unter der Leitung von Prof. Dr. Ing. GERSTENBERGER.

Ein solches Bauvorhaben erfordert die Mitarbeit des Geologen. Bereits im Jahre 1928 wurden die ersten Untersuchungen durch F. DEUBEL (1928) durchgeführt. Nach langer Ruhepause wurden 1953 die geologischen Vorarbeiten unter der Leitung von W. HOPPE (1953) wieder aufgenommen. Der Aufgabenkreis für den Geologen wurde seitdem ständig erweitert, und seit dem Baubeginn im Jahre 1956 ist der Geologische Dienst Jena ständig beteiligt.

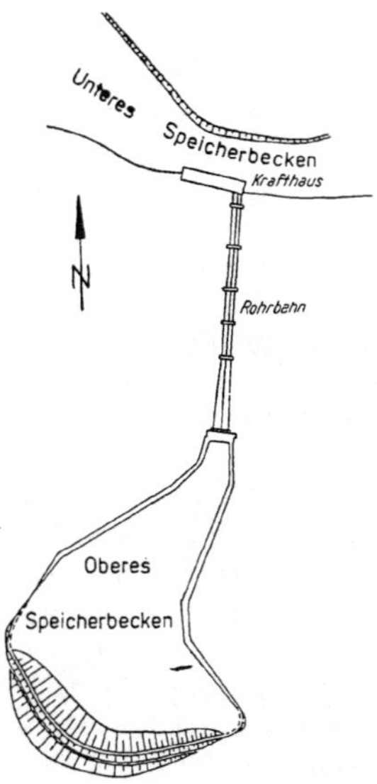

Abb. 2. Übersicht über die Baustelle

2. Geologische Situation

2.1 Allgemeine geologische Situation

Wie aus Abb. 1 ersichtlich ist, liegt die Baustelle des Pumpspeicherkraftwerkes Amalienhöhe im Bereich der Ziegenrücker Kulmmulde, einem Hauptteil des Thüringischen Schiefergebirges. In der Ziegenrücker Kulmmulde sind fast ausschließlich Gesteine der mächtigen unterkarbonischen Flyschfolge (Kulm) anzutreffen. In den grob- bis feinklastischen Sedimenten lassen sich alle Übergänge von Konglomeraten über konglomeratische Grauwacken, Grauwacken, feinsandig bis schluffig gebänderte Tonschiefer bis zu reinen Tonschiefern feststellen.

Die während des Unterkarbons in einem stetig sinkenden Trog abgelagerten Flyschsedimente sind nachkulmisch (sudetisch) gefaltet worden. Infolge NW—SE gerichteter Pressung wurde die Sedimentfolge in erzgebirgisch streichende, SE-vergente Falten gelegt. Durch den gleichen Pressungsvorgang, also mehr oder weniger gleichzeitig, entstanden die Schieferung und die streichenden Störungen, die häufig als sogenannte Untervorschiebungen auftreten, und auch die Hauptklüftung. In der Regel findet man zwei Kluftrichtungen, nämlich die herzyn streichenden a/c-Klüfte und erzgebirgisch streichende Klüfte, die in den inkompetenten Tonschiefern als Schieferung vorliegen, während sie in den kompakten Grauwackenbänken als Schieferungsklüftung zu bezeichnen sind. Lokal treten jedoch auch andere Kluftrichtungen evtl. sogar andere Kluftsysteme auf, die wesentliche Bedeutung erlangen können.

Nach der Faltung setzte die Quertektonik ein, die möglicherweise schon in der sudetischen Phase begann.

Die Quertektonik spielte sich vor allem auf herzynen Störungen, jedoch auch auf mehr oder weniger N—S streichenden Störungen ab und wurde durch Zerrung hervorgerufen. Während die herzyn streichenden Störungen meist Abschiebungen sind, können über den mechanischen Charakter der N—S streichenden Verwerfungen keine bindenden Aussagen gemacht werden; es ist nicht ausgeschlossen, daß es sich hierbei um Seitenverschiebungen handelt.

2.2 Die geologische Situation im Bereich der Baustelle

Entsprechend der Lage innerhalb der Ziegenrücker Kulmmulde finden sich auf der Baustelle lediglich kulmische Gesteine:

konglomeratische Grauwacken, Gerölle maximal 4 mm Durchmesser, meist Quarzite;
grob- bis mittelkörnige Grauwacken, gebankt, ungeschiefert, nur mit Schieferungsklüftung;
Grauwackenschiefer, Schiefer mit hohem Feinsand- und Schluffanteil, gebändert, gut geschiefert;
gebänderte Tonschiefer, sehr gut geschiefert.

Ein Einordnen in ein stratigraphisches Schema ist infolge des Fehlens von Fossilien nicht möglich.

Diese Schichtenfolge ist in meist erzgebirgisch streichende Schuppen gelegt; reine Faltung scheint geringere Bedeutung zu haben. Die Schieferung streicht im allgemeinen 55° und fällt mit 60° nach NW ein.

Die gewöhnlich parallel b (gleich Faltenachse) liegende Schnittkante von Schichtung (ss) und Schieferung (s_1) streicht ca. 50° bei verschiedenem Einfallen nach NE oder SW. Die Schichtung zeigt sehr unterschiedliche Werte, die durch die Faltung und die nachträglichen Verkippungen bedingt sind.

Besonders in der Krafthausbaugrube treten einige herzyne Störungen auf. Aus Abb. 3 ist ersichtlich, daß hier das Achsengefälle von b durch herzyne Störungen bedingt ist, d. h., daß die ehemals mehr oder weniger horizontal angelegten b-Achsen nachträglich an herzynen, horizontalliegenden Achsen gekippt wurden.

Neben den herzynen Störungen kommen N—S streichende Störungen vor (besonders an der Rohrbahn, s. Abb. 7).

Obwohl die geologische Situation im Bereich der Baustelle im wesentlichen zu überschauen ist, konnten einige Probleme noch nicht gelöst werden, weil die sehr eintönige, nicht zu gliedernde Sedimentfolge die verwendbaren Arbeitsmethoden stark einschränkt. Es mußte vor allem kleintektonisch gearbeitet werden.

3. Einige ingenieurgeologische Probleme

Entsprechend der Gliederung des Bauwerkes in Krafthaus, Rohrbahn und oberes Speicherbecken bilden auch die Aufgaben des Ingenieurgeologen drei Komplexe. Seine Mitarbeit beschränkt sich nicht auf eine Voruntersuchung und Vorerkundung, die mit der Abgabe eines ingenieurgeologischen Gutachtens abschließt, sondern besteht auch in der dauernden Beratung und Begutachtung von Einzel- und Teilproblemen während der Bauzeit bis zur Baugrundabnahme. Richtschnur sind hierbei die DIN 19700 („Stauanlagen. Richtlinien für den Entwurf, Bau und Betrieb") sowie die „Richtlinien des Zentralen Geologischen Dienstes zur Durchführung geologischer Untersuchungsarbeiten für den Bau von Talsperren", wenn auch in vielen Fällen die Zusammenarbeit zwischen dem Geologen und dem Bauingenieur wesentlich enger ist oder sein sollte, als in diesen Richtlinien gefordert wird.

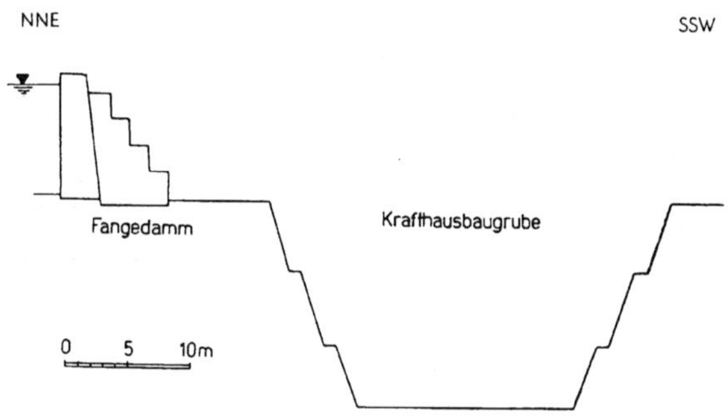

Abb. 4. Querschnitt durch Krafthausbaugrube und Fangedamm

3.1 Krafthaus

Das Krafthaus wird im Saaletal am Fuße des linken Hanges auf der Talsohle errichtet. Die Gründung erfolgt in 20 m Tiefe unter der Talsohle in den Grauwacken und Tonschiefern des Kulm. Die tiefe Gründung ist deshalb notwendig, weil Pumpe, Turbine und Generator jedes der acht Maschinensätze auf einer vertikalen Welle übereinander angeordnet sind und weil die Kavitationssicherheit von Pumpe und Turbine in Abhängigkeit vom niedrigsten Betriebswasserspiegel eine gewisse Tiefenlage dieser Aggregate erfordert. In Anbetracht der großen Tiefe der Gründungssohle und der vorliegenden Erfahrungen über die Beschaffenheit des kulmischen Gebirges war von vornherein mit einer sicheren und einwandfreien Gründung des Krafthauses zu rechnen. Gewisse Schwierigkeiten entstanden lediglich durch die komplizierte Art der Bauausführung.

Das Ausgleichsbecken Eichicht, das zum Beginn der Bauarbeiten abgesenkt wurde, muß während des Baues wieder angestaut werden, damit eine Inbetriebnahme des Pumpspeicherkraftwerkes Hohenwarte I möglich ist. Um diesen Anstau zu gewährleisten, ohne daß die Krafthausbaugrube unter Wasser gesetzt wird, mußte um die Baugrube herum ein Fangedamm errichtet werden. Der

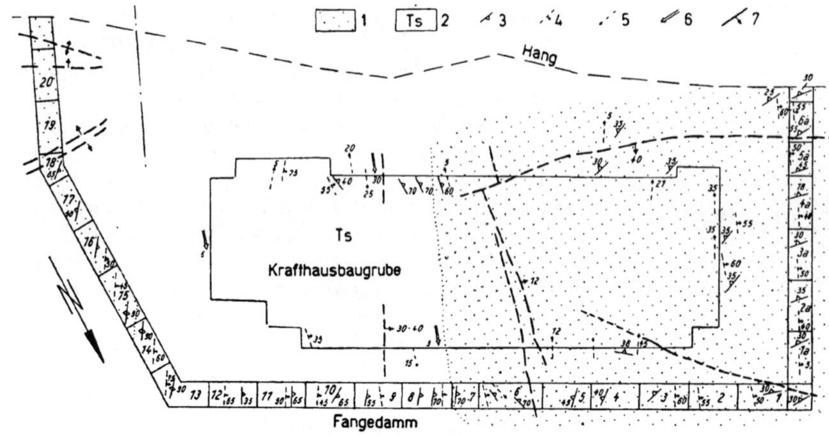

Abb. 3. Geologische Situation von Krafthaus und Fangedamm
1 — Grauwacke, 2 — Tonschiefer, 3 — Schichtung, 4 — Schieferung, 5 — 6, 6 — Achsen der Sättel und Mulden, 7 — Störungszonen

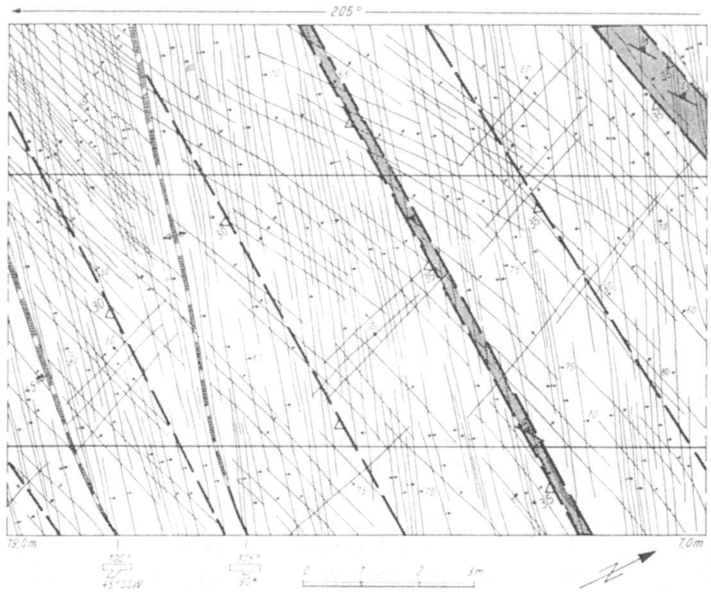

Abb. 5. Baugrundaufnahme am Fangedamm (Aufnahme und Darstellung: H. LANGER)

Fangedamm, eine Gewichtsstaumauer aus Beton in aufgelöster Pfeilerbauweise, umgibt die Baugrube auf drei Seiten und schließt im Süden an den Hang an. Die Höhe beträgt je nach Gründungstiefe 10 bis 12 m. Aus dem Lageplan (Abb. 3) und aus dem Querschnitt (Abb. 4) sind diese Verhältnisse ersichtlich. Der Fangedamm wird nach Fertigstellung des Krafthauses, das dann über den Wasserspiegel hinausragt, wieder entfernt.

Der Fangedamm ist ebenfalls im festen Fels (Tonschiefer und Grauwacken) gegründet. Die Gründung erfolgte unter Beachtung der Richtlinien DIN 19700. Der Baugrund wurde blockweise vom Geologen abgenommen. Gleichzeitig erfolgte die geologische Aufnahme des Baugrundes und deren zeichnerische Darstellung. Die Baugrundaufnahme zusammen mit dem Baugrundabnahmeprotokoll bilden ein wichtiges Dokument für jedes Talsperrenbauwerk, für das in erster Linie der Geologe verantwortlich ist.

Einen Ausschnitt aus der Baugrundaufnahme für den Fangedamm zeigt Abb. 5. Die Darstellung[1]) erfolgte im Original im Zweiblattsystem im Maßstab 1 : 50 (in Abb. 5 auf ein Blatt projiziert). Auf dem Grundblatt sind die Klüfte mit Angabe des Einfallens eingetragen, und zwar wurde die Darstellung so gewählt, daß der Abstand der Klüfte in der Zeichnung dem Kluftabstand in der Baugrube proportional ist. Es gelangen so nicht alle Klüfte zur Darstellung (was auf Grund ihrer großen Zahl gar nicht möglich ist), doch läßt sich aus der Zeichnung einwandfrei die örtliche Häufung der Klüfte ablesen. Für verschiedene Kluftscharen wurden verschiedene Farben verwendet. Auf dem Grundblatt sind ferner Störungen und Ruschelzonen sowie sonstige Besonderheiten des Baugrundes maßstabgerecht eingezeichnet. Schichtung und Schieferung wurden gesondert und schematisiert auf einem transparenten Deckblatt dargestellt. Diese Art der Darstellung des Baugrundes ermöglicht zwar eine große Genauigkeit, hat aber verschiedene Nachteile. Sie erfordert einen ziemlich großen Arbeitsaufwand, der bei den relativ kleinen Baugruben des Fangedammes noch gerechtfertigt war. Die sehr großen Baugrundflächen, die zur Zeit vor allem bei den Bauwerken des oberen Speicherbeckens abgenommen werden müssen, zwingen jedoch zur Anwendung einer rationelleren Methodik der Baugrundaufnahme. Das Zweiblattsystem in Verbindung mit Mehrfarbendarstellung bedingt, daß das Original nicht ohne weiteres zu vervielfältigen ist (nicht pausfähig). Eine rationelle Vervielfältigung ist nur mit einem in Schwarzweiß gehaltenen, pausfähigen Einblattoriginal möglich. Eine verbesserte Methode der Baugrundaufnahme wurde bereits erprobt und wird unter 3.2 beschrieben.

Die Baugrundaufnahme am Fangedamm sowie der sehr große Aufschluß der Krafthausbaugrube ermöglicht einen guten Überblick über die geologische Situation an der Krafthausbaustelle.

Im W-Teil der Baugrube stehen dickbankige, mittelkörnige Grauwacken an (s. Abb. 3), die schwach sigmoidal verbogen sind und nach einer Störung hin abtauchen, die an beiden Stößen klar zu erkennen ist. Jenseits dieser Störung findet sich zunächst eine Wechselfolge von Grauwacken und Tonschiefern, die schließlich in gebänderte Tonschiefer übergeht. Während die Grauwacken nur Schieferungsklüfte zeigen, sind die Gesteine im Mittelteil des Stoßes sehr stark tektonisch beansprucht. Die Schieferung, die einen sehr spitzen Winkel zur Schichtung zeigt, ist schwer erkennbar. Im E-Teil der Baugrube sind die Tonschiefer dagegen normal verschuppt und geschiefert.

Wie aus dem Lageplan ersichtlich, wird die Baugrube von einer Reihe herzyner Störungen durchzogen. Die Schichten sind an ihnen gekippt oder auch geschleppt. In Anbetracht der nur kurzen Standzeit des Fangedammes und der zu erwartenden relativen Undurchlässigkeit der kulmischen Gesteine war für diesen Damm keine Untergrundabdichtung vorgesehen. Zusickernde Wassermengen sollten durch Pumpen aus der Baugrube entfernt werden. Die Baugrube erwies sich während der bisherigen Bauarbeiten auch bei dem zugelassenen Höchststau des Ausgleichsbeckens Eichicht als recht trocken. Im Verhältnis zur Größe und Tiefe der Baugrube trat nur wenig Sickerwasser auf.

Im Sommer 1958 zeigten sich in den Pfeilern einiger Blöcke des Fangedammes Risse. Bei diesen handelt es sich um Zugrisse, die auf eine Bewegung des Untergrundes in Richtung Baugrube hinweisen. Aus dem örtlichen Auftreten der Risse, aus ihrem zeitlichen Verhalten und dem Zusammenhang mit dem Baugrubenaushub läßt sich schließen, daß es sich in erster Linie um durch den Baugrubenaushub hervorgerufene Entspannungserscheinungen des Gebirges handelt. Über diese äußerst wichtigen, bisher nur wenig beachteten Erscheinungen soll später ausführlich berichtet werden.

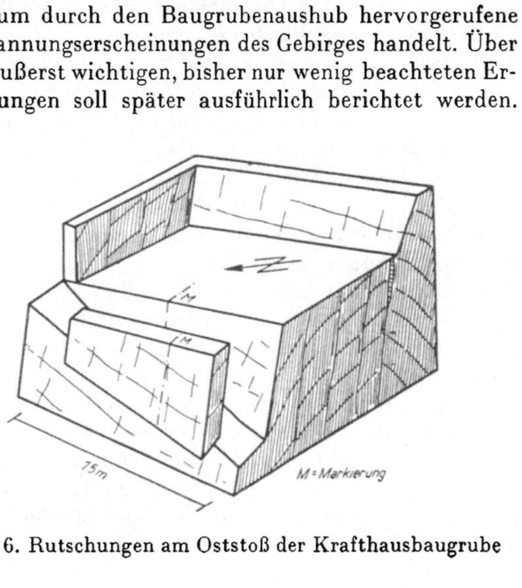

Abb. 6. Rutschungen am Oststoß der Krafthausbaugrube

[1]) von H. LANGER eingeführt

In gewisser Weise waren Rutschungen an den Stößen der Krafthausbaugrube, die je nach ihrer geologischen Ursache verschieden große Ausmaße hatten, für die Bauausführung hinderlich. An der östlichen Schmalseite erfolgten z. B. die Ablösungen vorwiegend entlang von Schicht- und Schieferungsflächen, die, begünstigt durch eine blockartige Zerteilung des Gebirges infolge herzyn streichender Abschiebungen, zur Baugrube hin ungünstig einfielen (Abb. 6). Bemerkenswert war ferner eine Gefährdung der Standsicherheit im östlichen Teil des N-Stoßes durch eine streichende, sehr flach liegende Störung. Durch sorgfältige Beräumung, schnelles Betonieren und teilweise Verankerung konnten diese in ihren geologischen Ursachen leicht zu überschauenden und vorauszusagenden Gefahren rasch beseitigt werden.

Größere Ausmaße hatten Rutschungen im westlichen Teil des S-Stoßes, die auf der in Abb. 3 erkennbaren, dem Baugrubenrand parallelen, baugrubenwärts einfallenden Störung erfolgten. Die Bewegungen, die auch hier rechtzeitig vorausgesagt werden konnten, erfolgten in mehreren Etappen, da es infolge der ungünstigen Lage der Störung und der mürben Beschaffenheit des Gebirges nicht möglich war, den Stoß zu sichern. Ein Mehraushub ließ sich hier nicht vermeiden, da auch Gesteinspartien, die noch nicht gerutscht waren, vorsorglich abgeräumt werden mußten.

Die geplante Lage des Krafthauses macht es notwendig, daß der Hang hinter demselben angeschnitten wird. Der Anschnitt soll durch eine Stützmauer befestigt werden. Beim Anschneiden des Hanges kam es im November 1957 zu größeren Rutschungen. Es handelt sich hierbei einmal um ein Abrutschen von stark durchfeuchtetem, lehmigem Hangschutt, der seines natürlichen Fußes beraubt worden war, zum anderen muß man annehmen, daß auch Teile des stark aufgelockerten Felsens mit abgerutscht sind. Die Bewegungen werden nach oben durch eine aus dem Hang ragende, mehr oder weniger horizontal verlaufende Klippenreihe begrenzt. Auch die horizontale Ausdehnung der rutschgefährdeten Partien läßt sich einigermaßen übersehen. Nach dem Errichten der Hangstützmauer bietet ein schnelles Hinterfüllen der Mauer zur Wiederherstellung des ehemaligen Böschungswinkels die Gewähr für die Schaffung eines neuen stabilen Gleichgewichtes und damit volle Sicherheit gegen weitere Rutschungen oder Abstürze aus dem jetzigen Rutschgebiet.

3.2 Rohrbahn

Die Rohrbahn, über die die acht Rohre vom Oberbecken zum Krafthaus hinabgeführt werden, liegt auf dem sehr steilen Hang am linken Saaleufer. Im Bereich des Hanges werden die horizontalen und vertikalen Hauptkräfte der Rohre an den vier Festpunkten 2, 3, 4 und 5 von Fundamenten aufgenommen und auf den Untergrund übertragen (siehe auch Abb. 2). Zwischen den Festpunkten sind nur kleine Stützen zur Aufnahme geringer Vertikalkräfte vorgesehen (sog. Rohrsättel).

Die sichere Gründung der Festpunkte bildet an der Rohrbahn das Hauptproblem. Der Hang ist zunächst durch Schürfe üblicher Größe untersucht worden. Später wurden an den für die Festpunkte vorgesehenen Stellen Großschürfe angelegt, um die Lagerungsverhältnisse des Gebirges genau übersehen zu können. Im Normalfall erreicht man unter einer Hangschuttdecke von 1—2 m und einer Auflockerungszone den gründungsfähigen Fels (Festpunkt 2—4: Tonschiefer, Festpunkt 5: Grauwacken). Nach der Tiefe zu wurden die an den Festpunkten herrschenden Bedingungen durch Kernbohrungen mit Wasserdurchlässigkeitsprüfungen und Zementinjektionen überprüft. Von der sicheren Gründung der Festpunkte hängt der Bestand der Rohrbahn ab. Besondere Beachtung verdient die an den Festpunkten auftretende, horizontale, hangauswärts gerichtete Schubkomponente, die eine besondere Sicherung gegen Rutschungen erforderlich macht. Als geologisch bedingte Rutschflächen kommen hier Schichtflächen, Schieferungsflächen, Klüfte und Störungen in Frage. Deshalb muß bei der Aufnahme der Aufschlüsse und der Baugruben großer Wert auf eine einwandfreie Klärung der Lagerungsverhältnisse gelegt werden. Der Fels weist besonders im oberen Teil der Rohrbahn in Hangnähe eine teilweise bis in große Tiefe reichende, offene Klüftung und damit Auflockerung auf; wahrscheinlich ebenfalls auf Grund von Entspannungsvorgängen infolge der Talerosion. Das Ausmaß dieser Klüftung und ihr Verhalten in der Tiefe konnten durch die Kernbohrungen leider nur unzureichend erkundet werden.

Als Beispiel für einen Festpunkt sei hier der Festpunkt 2 herausgegriffen, der bereits fertig errichtet ist und während der Bauzeit als Plattform für die oberen Türme der Kabelkrananlage dient.

In Abb. 7 sind die Sohle und die Stöße der Baugrube des Festpunktes 2 dargestellt. Es handelt sich um durch feinsandige bis schluffige Lagen gebänderte Tonschiefer, die durch einige gut ablösende Schichtflächen gebankt erscheinen (Schichtung 170°/20° E). Die Schieferung liegt normal 55°/50° NW. Die Schnittkante von Schichtung und Schieferung fällt 15° nach NE ein und streicht ca. 50°. Die Klüftung ist — besonders im Ostteil — sehr einheitlich. Es kommen lediglich die a/c-Klüfte und erzgebirgisch streichende Klüfte vor.

Unter den weiteren den Baugrund durchziehenden Störungen ist besonders die mehr oder weniger N—S streichende, bis 1 m mächtige Ruschelzone im östlichen Drittel der Baugrube zu erwähnen.

In der erreichten Tiefe ist der Fels zur Aufnahme des Fundamentes geeignet. Die zu Spalten erweiterten a/c-Klüfte in der Südostecke der Baugrube zeigen jedoch, daß trotz der nur geringen Neigung auf den Schichtflächen schwache, hangauswärts gerichtete Bewegungen stattgefunden haben. Um die Möglichkeit einer Rutschung auf Schichtflächen auszuschließen, erfolgte einmal die Gründung wesentlich tiefer, als im Projekt vorgesehen, zum anderen sollte durch Zementinjektionen eine gewisse Verfestigung des Untergrundes herbeigeführt werden. Durch zahlreiche, bis in 15 m Tiefe in den Fels eingebrachte Stahlanker wurde das Fundament schließlich noch zusätzlich gesichert.

Ähnliche Verhältnisse sind an den anderen Festpunkten zu erwarten. Die Gründung wird in allen Fällen schwierig und in Einzelheiten erst nach Aufschluß der Baugrube zu übersehen sein.

Abb. 7 stellt gleichzeitig die Baugrundaufnahme für den Festpunkt 2 dar. Alle Eintragungen erfolgten abweichend von der am Fangedamm angewandten Methode auf einem Blatt. Die Klüfte werden nur noch angedeutet, wodurch insbesondere bestimmte lokale Häufungsstellen und Richtungsabweichungen erfaßt werden sollen. Es erfolgte jedoch eine genaue Kluftmessung, verbunden mit der Messung der anderen kleintektonischen Elemente und die statistische Auswertung und Darstellung in einer Lagenkugel. Zur Baugrundaufnahme gehört also neben der zeichnerischen Darstellung der Sohle und der Stöße der Baugrube die Darstellung des tektonischen Inventars in einer Lagenkugel. Ein kleines Blockdiagramm vervollständigt die Aufnahme. Ferner ist eine fotografische Aufnahme der Baugrube zweckmäßig.

Diese Art der Baugrundaufnahme wird jetzt auf der Baustelle angewandt.

3.3 Oberes Speicherbecken

Das obere Speicherbecken wird auf der Hochfläche über dem Saaletal errichtet. Die Begrenzung erfolgt auf

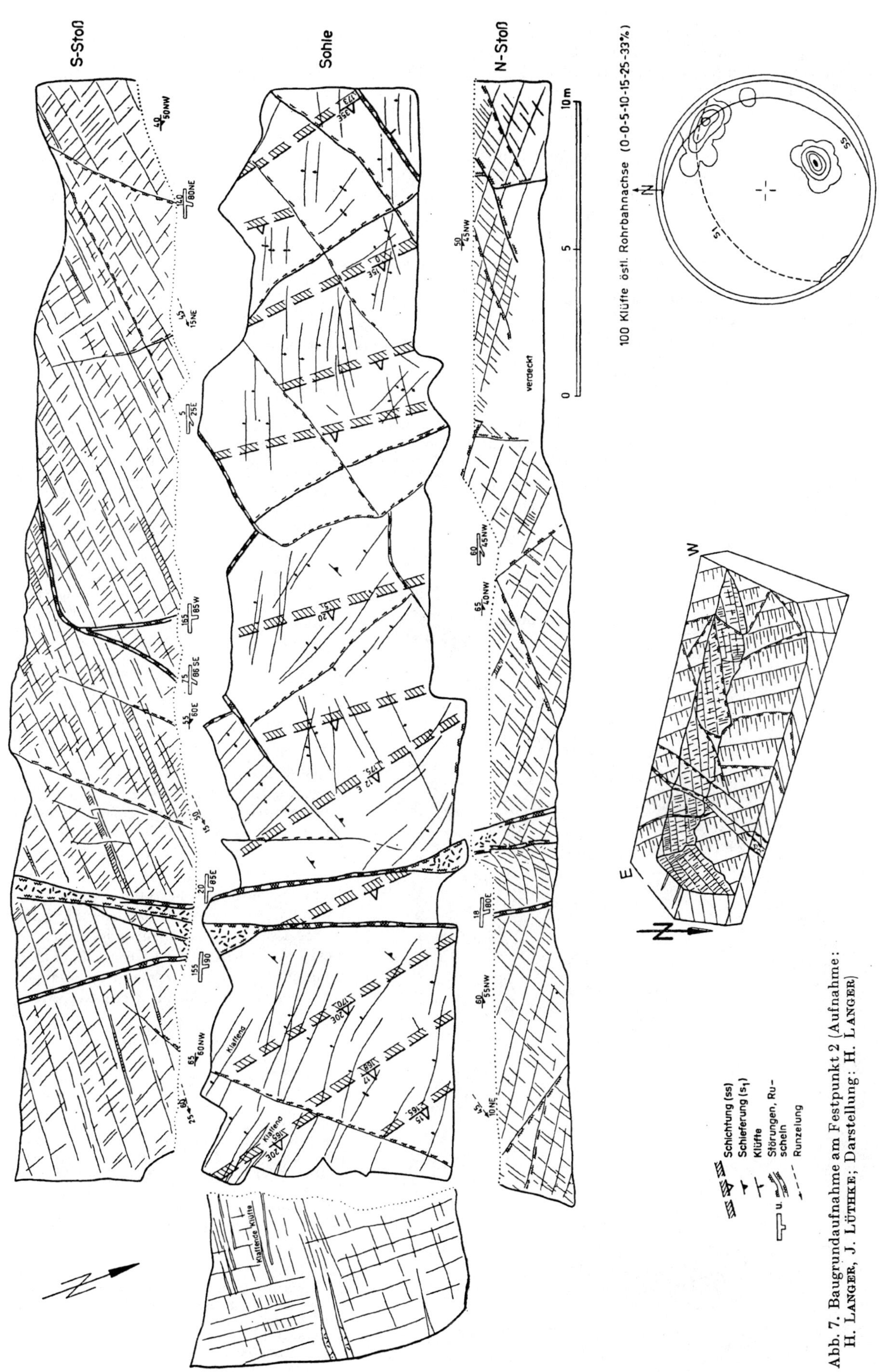

Abb. 7. Baugrundaufnahme am Festpunkt 2 (Aufnahme: H. LANGER, J. LÜTHKE; Darstellung: H. LANGER)

einer Seite durch einen Damm, auf zwei Seiten durch Gewichtsstaumauern aus Beton. Das weit an den Hang vorgeschobene Einlaufbauwerk vermittelt den Übergang zur Rohrbahn (Abb. 2 und 8).

Auf die zweifellos sehr interessanten Einzelheiten der Konstruktion des Dammes soll hier nicht eingegangen werden. Es sei nur so viel vermerkt, daß der Damm in mehreren Prismen aus dem beim Baugrubenaushub anfallenden Material geschüttet wird. Die Dichtung erfolgt durch eine Lehmschürze an der Wasserseite, die in Form eines Sporns in den festen Fels einbindet.

Der Untergrund des oberen Speicherbeckens besteht — wie aus Abb. 8 ersichtlich ist — in der Hauptsache aus Tonschiefern. Einzelne Partien innerhalb des großen Tonschieferareals sind jedoch infolge des hohen Schluff- bis Feinsandanteiles schon als Grauwackenschiefer anzusprechen. Nur kleine Zonen bestehen aus festen Grauwacken, wie an der NW-Ecke und an der SE-Ecke des Beckens. Eine schmale Zone von Grauwacken ist noch im mittleren Bereich des Dammes aufgeschlossen, doch kann deren Verlauf im Speicherbecken nicht angegeben werden, weil im Mauerbereich diese Zone nicht auftritt. Es ist damit zu rechnen, daß diese Grauwackenpartie durch eine Störung abgeschnitten wird, über deren Lage noch keine genauen Angaben zu machen sind.

Die Schichtung streicht im wesentlichen erzgebirgisch bei verschieden steilem Einfallen nach SE. Die Schieferung liegt normal (50°/60° NW). Die Schnittkante von Schichtung und Schieferung fällt meist nach SW ein. Es sind aber — besonders im Bereich des Einlaufbauwerkes — auch NE fallende Schnittkanten anzutreffen. Die Hauptklüftung streicht herzyn mit steilem Einfallen nach NE oder SW (a/c-Klüfte).

An der Seite, wo der Damm gebaut wird, hat das Gelände nur eine geringe, beckenauswärts gerichtete Neigung. Der Damm wird im Stützkörperbereich auf den von der Verwitterungsdecke befreiten Fels geschüttet, im übrigen auf die Verwitterungsdecke, von der nur der Mutterboden entfernt wurde. Durch eine sorgfältige Drainage werden die Sohlfläche des Dammes und der Damm selbst entwässert und damit die Standsicherheit erhöht. An den Stellen, an denen die Geländeneigung beckenauswärts etwas größer ist, also am nördlichen und östlichen Rand des Beckens, werden Staumauern errichtet. Die größte Höhe der Mauern beträgt 28 m. Der Bau von Staumauern parallel dem Rande nach der Luftseite zu abfallender Hänge ist etwas ungewöhnlich und erfordert besondere Beachtung aller Gegebenheiten, die ein Abgleiten der Mauern herbeiführen können. Die Beobachtungen in den bereits ausgehobenen Teilbaugruben ergaben, daß ein Abgleiten der Mauern nicht zu erwarten ist. An den Stellen, an denen Schieferung bzw. Schichtung parallel der Mauer streichen und beckenauswärts einfallen (Nordrand bzw. Teile des Ostrandes), ist das Einfallen wesentlich steiler als der Hang, so daß keine Rutschgefahr besteht. Die Gründung der Mauern muß selbstverständlich hinsichtlich der Tiefe und der Beschaffenheit des Felsens mit besonderer Sorgfalt erfolgen. An Stellen, an denen das Gebirge durch tektonische Beanspruchung (breite Ruschelzonen) in seiner Festigkeit geschwächt ist, wird eine Baugrundvergütung durch Zementinjektionen erforderlich sein.

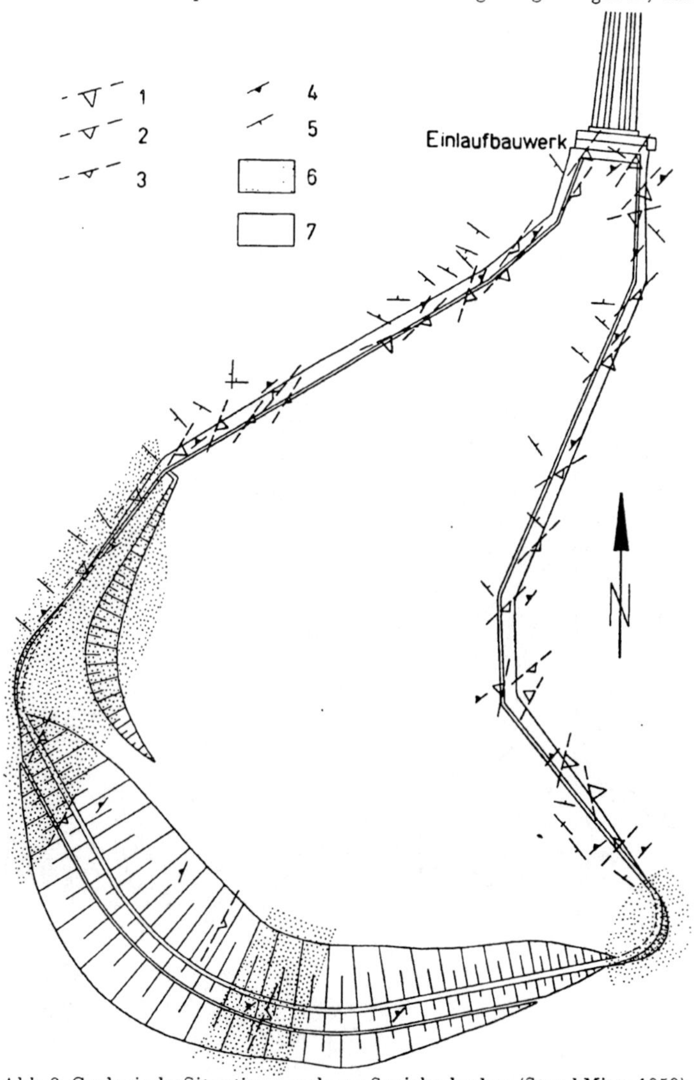

Abb. 8. Geologische Situation am oberen Speicherbecken (Stand Mitte 1959)
1 — 1–29° fallende Schichtung; 2 — 30–59° fallende Schichtung; 3 — 60–90° fallende Schichtung; 4 — Schieferung bzw. Schieferungsklüftung; 5 — Hauptklüfte; 6 — Grauwacke; 7 — Tonschiefer, z. T. schluffig und gebändert

Das obere Speicherbecken erhält keine Sohlendichtung. Vielmehr soll ein Dichtungsschleier unter den Randbauwerken diese an das mehr oder weniger undurchlässige Gebirge in der Tiefe anschließen. Erfahrungsgemäß sind die Gesteine des Unterkarbons wenig wasserdurchlässig. Untersuchungsbohrungen bestätigten diese Annahme. Die vorgesehene Dichtung des Speicherbeckens mittels Dichtungsschleier — diese Lösung wird oft mit einem „Topf ohne Boden" verglichen — erscheint so vom geologischen Standpunkt aus gerechtfertigt.

Man ist sich darüber im klaren, daß gewisse Wasserverluste eintreten werden (die durch Pumpen ausgeglichen werden können), jedoch erscheint die jetzige Lösung wirtschaftlich günstiger als eine Sohlendichtung. Der Dichtungsschleier schließt oben an die Wasserseite der Randmauern an und im Dammbereich an den in den Fels eingelassenen Lehmsporn. Der Schleier besteht aus zwei Reihen von Bohrlöchern. Der Abstand der Reihen beträgt 1 m, der Abstand der Bohrlöcher in einer Reihe 2 m. Die Bohrungen werden als Hammerbohrungen im Schlagbohrverfahren ausgeführt. Nach den bereits vorliegenden Ergebnissen muß mit einer Tiefe des Dichtungsschleiers von 20 bis 25 m gerechnet werden. Abb. 9 zeigt die Ergebnisse einiger typischer Bohrungen aus dem bereits fertiggestellten Teil. Es ist ersichtlich, daß die Werte der Wasserdurchlässigkeit und die Zementaufnahme nach der Tiefe zu abnehmen. Von einer bestimmten Tiefe ab werden Durchlässigkeiten unter 2,5 l/min/m (bei 3 atü) erreicht. Bei einem

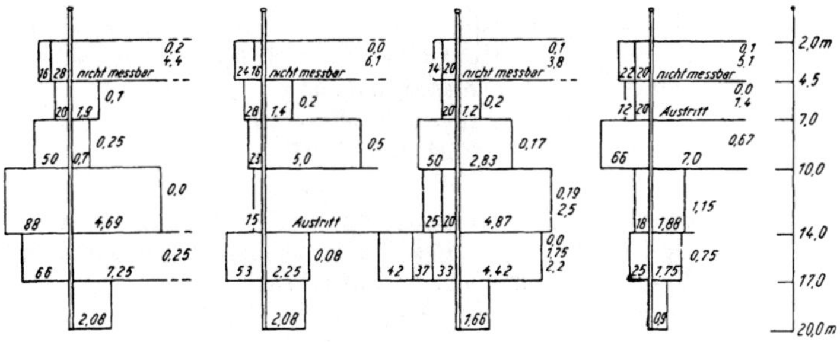

Abb. 9. Bohrungen aus dem Dichtungsschleier

Links der Bohrsäule: Zementaufnahme in kg/m, rechts der Bohrsäule: WD-Werte in l/min/m, innerhalb der Kästchen vor dem Verpressen, rechts außerhalb der Kästchen nach dem Verpressen

Wert > 2,5 l/min/m vor dem Verpressen wird unter den gegebenen Umständen das Gebirge als ausreichend dicht betrachtet. Die Anlage des Dichtungsschleiers erfordert eine sorgfältige Kontrolle durch den Geologen. Durch Auswertung der Ergebnisse der WD-Prüfungen und der Zementinjektionen wird die tatsächliche Tiefe des Schleiers bestimmt, ferner wird auf Zonen besonderer Durchlässigkeit zu achten sein, in denen der Schleier dichter gestaltet werden muß.

Die Abdichtung von stark wasserdurchlässigen Störungen, Ruschelzonen und anderen Schwächestellen des Gebirges erfordert besondere Aufmerksamkeit. Durch diese Störungen kann das Wasser bevorzugt unter dem Dichtungsschleier hindurch abgeführt werden. Es ist vorgesehen, die Störungszonen besonders tief und intensiv durch Injektionen abzudichten. Ferner sollen diese Zonen in das Becken hinein verfolgt und durch einen Lehmteppich oberflächlich abgedichtet werden. Da die natürliche Hangschuttdecke im Becken selbst erhalten bleiben soll (der Lehmanteil gewährleistet eine gewisse natürliche Abdichtung des Beckenbodens), ist der Verlauf von Störungszonen im Becken leider nicht bekannt. Auch geoelektrische Messungen brachten bisher nicht den gewünschten Erfolg. Sicherlich wird durch den Baugrubenaushub eine gewisse Übersicht über die durchzuführenden zusätzlichen Dichtungsmaßnahmen im Becken möglich.

Durch diese drei Maßnahmen:

1. Anlage eines tiefen und sehr engmaschigen Dichtungsschleiers,
2. Vorhandensein eines natürlichen, lehmig-steinigen Beckenbodens mit gewissen Dichtungseigenschaften,
3. besondere Abdichtungsmaßnahmen für stark durchlässige Störungszonen,

dürfte erreicht werden, daß Wasserverluste aus dem oberen Speicherbecken in wirtschaftlich tragbaren Grenzen bleiben. Die Frage der Erhöhung des Kluftwasserspiegels im Berg durch die Wasserverluste und die dadurch mögliche ungünstige Beeinflussung der Hänge darf dabei allerdings nicht außer acht gelassen werden.

Zusammenfassung

Verf. geben einen Überblick über die beim Bau des Pumpspeicherkraftwerkes Hohenwarte II aufgetretenen ingenieurgeologischen Probleme. Für den Geologen bietet sich hier die Möglichkeit, neben seiner verantwortungsvollen Tätigkeit als Gutachter und Berater interessante und teilweise neue Probleme zu studieren. Die dabei gewonnenen neuen wissenschaftlichen Erkenntnisse sind wiederum für die künftige ingenieurgeologische Praxis von Bedeutung.

Резюме

Авторы дают обзор о инженерно-геологических проблемах, возникших при сооружении насосно-запасной гидроэлектростанции Хоэнварте II. Наряду с ответственной деятельностью в качестве консультанта, геолог имеет возможность заниматься интересными и отчасти новыми проблемами. Полученные при этом новые научные познания, в свою очередь, имеют большое значение для будущей инженерно-геологической практики.

Summary

A survey is given by the authors of engineering-geological problems connected with the construction of Hohenwarte II pumped-storage power station. In addition to his responsible activity as an expert and adviser the geologist is given a chance to study interesting and partially new problems. In return, new scientific knowledge gained during the construction is of consequence to the future practice of engineering-geology.

Literatur

Deubel, F.: Geologisches Gutachten über die projektierte Anlage des Hochspeicherbeckens Amalienhöhe bei Hohenwarte. — Akten des GD Jena, 1928, unveröff.

Gerstenberger, G.: Einiges über die Pumpspeicherung und ihren Einsatz in der Deutschen Demokratischen Republik. — Wasserwirtschaft — Wassertechnik, 8, H. 12, S. 532—540 (1958).

Hoppe, W.: Geologisches Gutachten über das Pumpspeicherwerk Amalienhöhe bei Hohenwarte. — Akten des GD Jena, 1953, unveröff.

Hoppe, W., F. Herrmann, E. Dittrich, H.-J. Paech: Verschiedene Gutachten und Stellungnahmen zu Teilproblemen des Pumpspeicherwerkes Hohenwarte II. — Akten des GD Jena, 1953—1959, unveröff.

Die Eislebener Schichten und das Weißliegende im Nordteil der Sangerhäuser Mulde

Manfred Kurze, Freiberg (Sa.)

Bei der stratigraphisch-petrographischen Untersuchung der stickstofführenden Sandsteinhorizonte im Thomas-Münzer-Schacht wurde die Ausbildung der Sedimentfolge an der Wende Rotliegendes/Zechstein besonders aufmerksam verfolgt. Die Auswertung der feinstratigraphischen Profilaufnahmen ergab in diesem Bereich Abweichungen von den Auffassungen E. Schröders (1934) und S. Schiemenz', (1953). Da auch W. Jung (1960) auf diese Unstimmigkeiten eingeht, dürfte eine genauere Charakterisierung der Ablagerungen der Eislebener Schichten und des Weißliegenden im Nordteil der Sangerhäuser Mulde von allgemeinem Interesse sein.

Die oberrotliegenden Eislebener Schichten überlagern im Nordteil der Sangerhäuser Mulde diskordant verschiedene Horizonte der Mansfelder Schichten (Stefan). Lediglich in Wegeinschnitten nördlich Obersdorf stehen unter den Eislebener Schichten plattige, rötlich gefleckte Sandsteine an, die mit Vorbehalt zu den unterrotliegenden Hornburger Schichten gestellt werden können. In den Untertageaufschlüssen des Röhrig- und Thomas-Münzer-Schachtes fehlen diese ca. 6 m mächtigen „liegenden Sandsteine (ro1)" E. Schröders (1934).

Die Eislebener Schichten bestehen aus dem liegenden Porphyrkonglomerat (rop) und dem hangenden Sand-

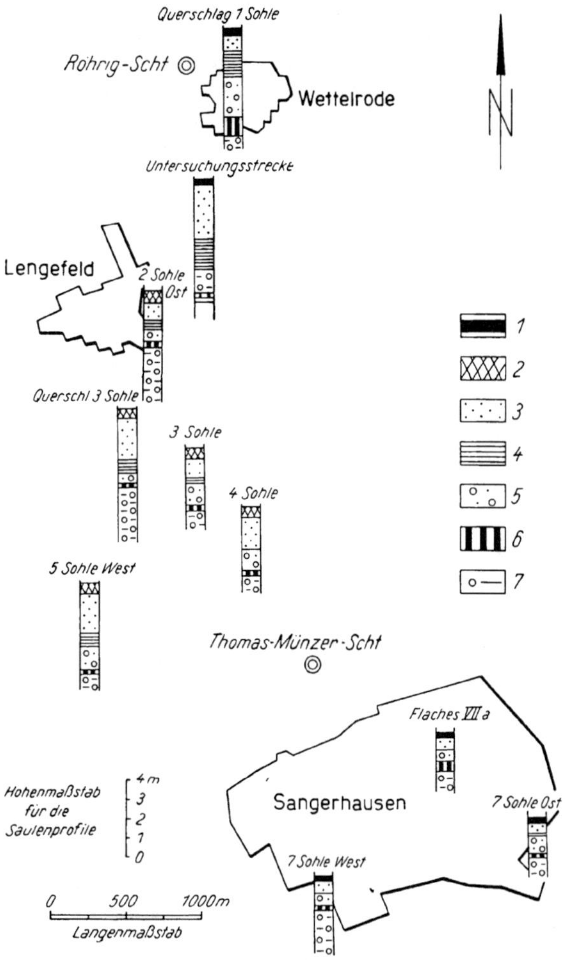

Abb. 1. Lageskizze der in Abb. 3 dargestellten Säulenprofile

1 – Kupferschiefer, 2 – Versatz, 3 – Weißliegendes, 4 – Sandsteinschiefer, 5 – gebleichtes Porphyrkonglomerat, 6 – Sandsteinbank bzw. Sandstein-Schieferton-Einlagerung im Porphyrkonglomerat, 7 – Porphyrkonglomerat

steinschiefer (ros). Die Mächtigkeit des Porphyrkonglomerates wechselt in den Aufschlüssen des Röhrig- und Thomas-Münzer-Schachtes zwischen 7 m und 10 m. Seine geringe Mächtigkeit (1,50 m) im Überhau der Untersuchungsstrecke dürfte tektonisch bedingt sein. Am Südharzrand keilt das Porphyrkonglomerat westlich Morungen aus. Im liegenden Teil besteht es aus einer charakteristischen Wechsellagerung rotgefärbter und grünlich-grau gebleichter Geröllschichten. Nach dem Hangenden zu nimmt die Geröllgröße allmählich ab. Die Grenze zur Sandstein-Schiefer-Wechsellagerung (ros) ist unscharf. Im hangenden Teil des Porphyrkonglomerates, 55 cm bis 2 m unter dem Sandsteinschiefer (ros), schaltet sich zwischen die Geröllagen ein 10—90 cm mächtiger Horizont feinkörniger Sandsteine und Schiefertone ein. Er ist in allen Aufschlüssen des Sangerhäuser N-Feldes vorhanden. Dieser Horizont, der in Abb. 3 mit rop(s) gekennzeichnet ist, besteht meist aus einer feinkörnigen grauen Sandsteinbank, die durch dünne Tonlagen scharf gegen das Hangende, dagegen weniger deutlich gegen das Liegende, abgegrenzt ist, teilweise besteht er aber auch aus einer Wechsellagerung fein- bis mittelkörniger Sandsteine mit grauen Schiefertonen, ähnlich dem Sandsteinschiefer. Südlich der 7. Sohle des Thomas-Münzer-Schachtes ist dieser Horizont nicht mehr durchgehend nachweisbar und wird oft nur durch einige bis 6 cm mächtige Tonlagen angedeutet. Die Konglomerate und konglomeratischen Sandsteine über diesem Horizont sind besonders im hangenden Teil gebleicht, während nach dem Liegenden zu die hellgraue Farbe ins Rötliche übergeht. In der 7. Sohle Ost des Thomas-Münzer-Schachtes, 775 m östlich des Querschlages, setzt die Rotfärbung schon im Hangenden der obenbeschriebenen Sandsteinbank 20—30 cm unter dem Sandsteinschiefer ein. Die abwechselnd rot- und graugefärbten Geröllagen und eine bis 2 cm mächtige rote Karneolbank vermitteln an dieser Stelle das typische Bild des Porphyrkonglomerates. Die gebleichten konglomeratischen Partien unter dem Sandsteinschiefer sind in Abb. 3 mit rop(G) gekennzeichnet. Im Sinne F. Meineckes (1910) sollen die während der Transgression des Zechsteinmeeres gebleichten Rotliegendsedimente als Grauliegendes bezeichnet werden. Das Grauliegende umfaßt also im Nordteil der Sangerhäuser Mulde sowohl den Sandsteinschiefer als auch die hangenden Teile des Porphyrkonglomerates.

Der Sandsteinschiefer (ros) ist im Nordteil der Sangerhäuser Mulde nicht durchgehend vertreten. Er keilt sowohl nördlich Wettelrode als auch in den Aufschlüssen des Thomas-Münzer-Schachtes südlich der 7. Sohle aus. Lokal fehlt er schon südlich der 3. Sohle bzw. wird durch eine 1—2 cm mächtige hellgraue Tonschieferlage an der Basis des Weißliegenden vertreten. Der Sandsteinschiefer besteht in seiner typischen Ausbildung in der Mansfelder Mulde aus einem Wechsel von feinkörnigen, hellgrauen, stark glimmerführenden Sandsteinen mit dunkler gefärbten Schiefertonen. Die beste Übereinstimmung mit diesem typischen Sandsteinschiefer zeigen noch die Ablagerungen im Querschlag 1. Sohle und im Überhau in der Untersuchungsstrecke. Häufig überwiegt jedoch die sandige Komponente, die auffällig wenig Glimmer führt. Im unteren Teil der Schichtenfolge findet man sogar häufig bis 20 cm mächtige Konglomeratbänke. Die Abgrenzung des Sandsteinschiefers gegen das Liegende ist mehr oder weniger willkürlich. Der Schnitt wurde jeweils an die Stelle gelegt, an der die ersten durchgehenden Schiefertonlagen auftreten, über denen ein enger Wechsel sandiger und toniger Sedimente einsetzt. Aus den starken Mächtigkeitsschwankungen geht hervor, daß die Begrenzung und Morphologie des Ablagerungsraumes der Sandstein-Schiefer-Wechsellagerung im Nordteil der Sangerhäuser Mulde weit komplizierter waren, als bisher angenommen wurde.

Nach wie vor ungeklärt bleibt die stratigraphische Stellung des Weißliegenden (z1s). Je nachdem, ob diese Sandsteine als Dünenbildungen, fluviatile Bildungen, oder subaquatische Großrippeln angesprochen werden, stellt man sie ins Rotliegende oder zum Zechstein. In den Aufschlüssen des Röhrig- und Thomas-Münzer-Schach-

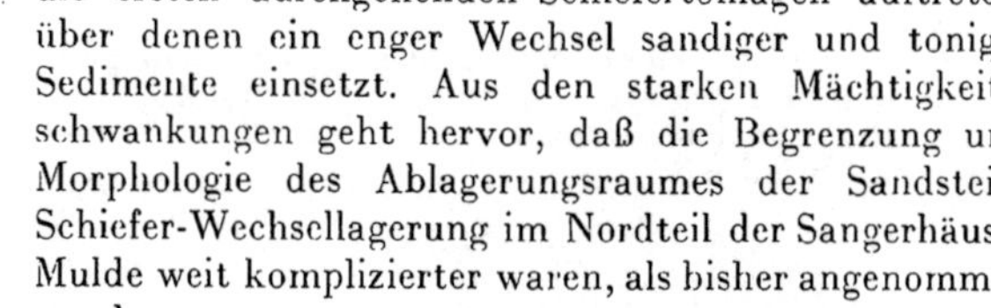

Abb. 2. Stoßkartierung in der 5. Sohle Ost des Thomas-Münzer-Schachtes östlich des Flachen VIa

1 – Zechsteinkalk, 2 – Kupferschiefer, 3 – Weißliegendsandstein und Sandsteinlagen im Sandsteinschiefer, 4 – Weißliegendsandstein mit Schiefertonlagen und -schmitzen, 5 – Schiefertonlagen, 6 – Porphyrkonglomerat

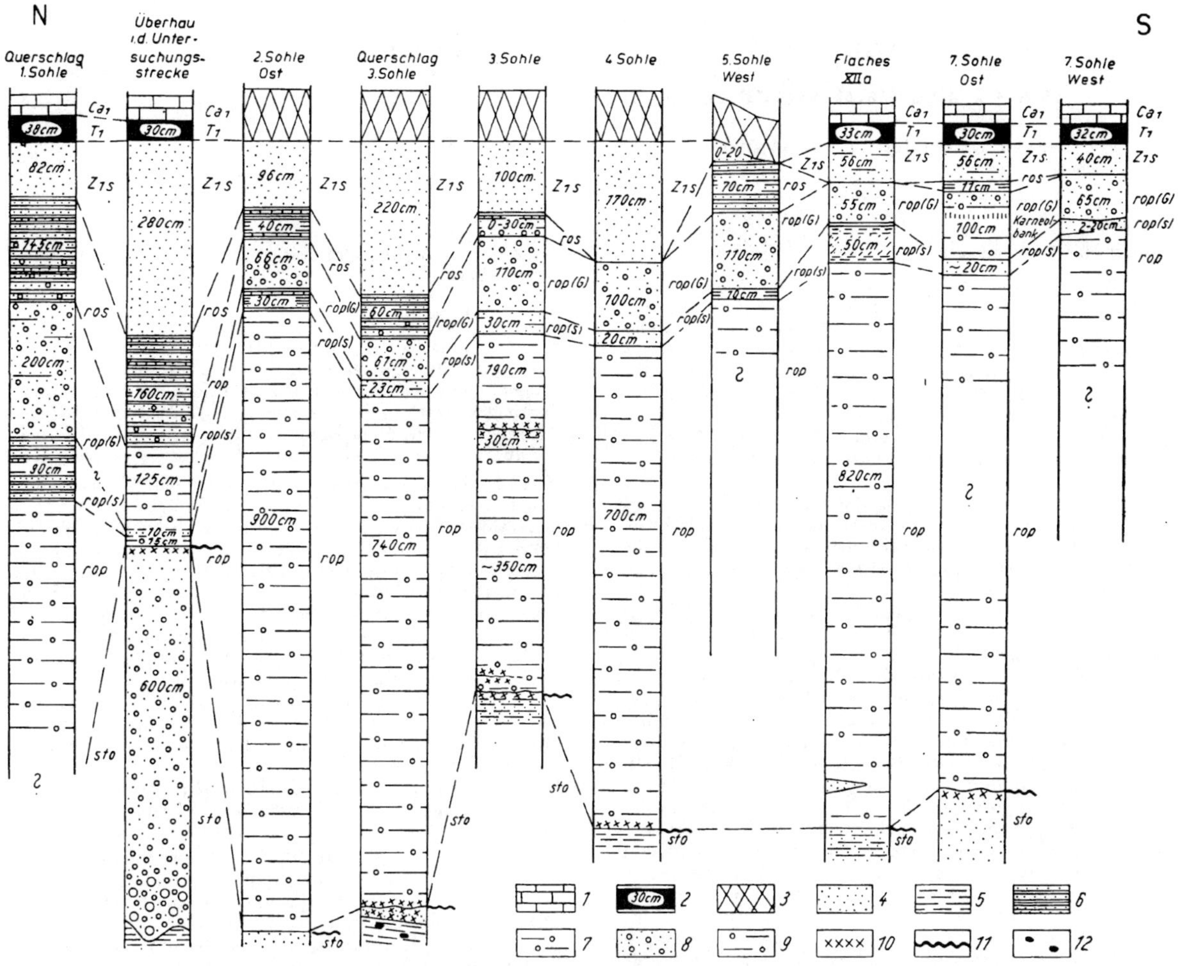

Abb. 3. Die Eislebener Schichten und das Weißliegende im Nordteil der Sangerhäuser Mulde

1 – Zechsteinkalk, 2 – Kupferschiefer mit Mächtigkeitsangaben, 3 – Versatz, 4 – Sandstein, 5 – Schieferton, 6 – Wechsellagerung von Sandstein- und Schiefertonlagen, 7 – Sandstein mit Schiefertonschmitzen, 8 – Konglomerat, 9 – Porphyrkonglomerat, 10 – Bleichungszonen, 11 – Diskordanz, 12 – Kalkknollen und -lagen in den Mansfelder Schichten; sto – Mansfelder Schichten, rop – Porphyrkonglomerat der Eislebener Schichten, rop(s) – Sandsteinbank bzw. Sandstein-Schieferton-Einlagerung im Porphyrkonglomerat, rop(G) – gebleichtes Porphyrkonglomerat, ros – Sandsteinschiefer, z1s – Weißliegendes, T1 – Kupferschiefer, Ca1 – Zechsteinkalk

tes sind Weißliegendsandsteine weit verbreitet und erreichen im Flügel 3, in der 7. Sohle West und der 8. Sohle West Mächtigkeiten von über 6 m. Meist wechselt die Mächtigkeit aber zwischen 60 cm und 2 m. Auffällig sind besonders Tonschmitzen und -lagen, die in der 5. Sohle Ost am Flachen VIa (Abb. 2) und in der 5. Sohle West 100 m östlich des Flachen Vd in den fein- bis mittelkörnigen Weißliegendsandsteinen auftreten. Diese fächerförmig ausgebreiteten Tonschmitzen, die geringere Höhe der Erhebungen gegenüber den „Dünen" in der Mansfelder Mulde und die weite Verbreitung lassen vermuten, daß die Weißliegendsandsteine im Sangerhäuser Nordfeld subaquatisch aufgearbeitete ältere Dünenbildungen sind. Südlich der 7. Sohle greift aber die Verbreitung des Weißliegenden über die Verbreitung des Sandsteinschiefers hinaus, und es fehlt oft eine scharfe Grenze zwischen Weißliegendsandstein und Eislebener Schichten. Tonschmitzen und -lagen wurden im Weißliegenden südlich der 7. Sohle bisher noch nicht beobachtet.

Der Kupferschiefer des transgredierenden Zechsteinmeeres lagerte sich im Nordteil der Sangerhäuser Mulde fast stets auf Sandsteinen des Weißliegenden ab. Nur an wenigen Stellen, z. B. in der 5. Sohle West des Thomas-Münzer-Schachtes, liegt er unmittelbar auf dem Sandsteinschiefer.

Zusammenfassend muß hervorgehoben werden, daß für die Ausbildung der Sedimentfolge an der Wende Rotliegendes/Zechstein im Nordteil der Sangerhäuser Mulde eine differenzierte Gliederung möglich ist, die Schlußfolgerungen auf die Begrenzung und Morphologie des Ablagerungsraumes zuläßt.

Literatur

BEYSCHLAG, F. & K. v. FRITSCH: Das jüngere Steinkohlengebirge und Rotliegende in der Provinz Sachsen und den angrenzenden Gebieten. – Abh. preuß. geol. Landesanst., N. F., **10** (1899).

DAHLGRÜN, F., G. FISCHER & E. SCHRÖDER: Erläuterungen zur geologischen Spezialkarte, Blatt Wippra. – Berlin 1934.

EISENHUT, K. H. & E. KAUTZSCH: Handbuch für den Kupferschieferbergbau. – Fachbuchverlag Leipzig 1954.

GALLWITZ, H.: Das Rotliegende der Mansfelder Mulde und die saalische Diskordanz. – Hallesch. Jb. mitteldtsch. Erdgesch., **2**, Lfg. 3 (1956).

HOYNINGEN-HUENE, E. v.: Sedimentäre und vulkanische Zyklen im mitteldeutschen Permokarbon. – Geologie, **9**, S. 663–672 (1960).

JUNG, W.: Die Sedimentärverhältnisse während des Oberrotliegenden und Zechsteins im SE-Harzvorland. – Z. angew. Geol., **6**, S. 598–604 (1960).

KURZE, M.: Petrographisch-geologische Bearbeitung der oberkarbonen und rotliegenden Sedimente der Sangerhäuser Mulde. – Unveröffentl. Diplomarbeit, Bergakademie Freiberg 1959.

MEINECKE, F.: Das Liegende des Kupferschiefers. – Jb. preuß. geol. Landesanst., 1910.

MERTKE, M.: Das Liegende des Kupferschiefers im Sangerhäuser Nordfeld. – Unveröffentl. Diplomarbeit, Univ. Halle 1959.

SCHIEMENZ, S.: Schotteranalyse des Porphyrkonglomerates im obersten Rotliegenden des östlichen Harzvorlandes. – Hall. Jb. mitteldeutsch. Erdgesch., **2**, Lfg. 1 (1953).

SCHRÖDER, E.: Sedimentation und Tektonik im Jungpaläozoikum am östlichen Harzrande und in den Nachbargebieten. – Jb. preuß. geol. Landesanst., **55**, S. 168–197 (1934).

Die neue sowjetische Vorratsklassifikation fester mineralischer Rohstoffe

Klassifikation der Lagerstättenvorräte fester mineralischer Rohstoffe

Vom 5. September 1960

A. Allgemeine Bestimmungen

1. Die Klassifikation der Lagerstättenvorräte fester mineralischer Rohstoffe legt einheitliche Prinzipien für die Berechnung und Bilanzierung der Vorräte mineralischer Rohstoffe in den Lagerstätten fest sowie die Grundsätze zur Bestimmung des Vorbereitungsgrades der Vorräte für die industrielle Nutzung in Abhängigkeit vom Grad der Erforschung der Lagerstätten.
2. Die Vorräte mineralischer Rohstoffe werden für jede mineralische Rohstoffart getrennt berechnet und bilanziert.
   Bei mineralischen Rohstoffen, die zur Gewinnung der in ihnen enthaltenen wertvollen Komponenten (Metalle, Minerale) genutzt werden, werden die Erzvorräte sowie die Vorräte af wertvollen Komponenten berechnet und bilanziert.
   Bei komplexen Erzen müssen neben den Hauptkomponenten unbedingt auch die wertvollen Begleitkomponenten berechnet und bilanziert werden.
3. Die Qualität der mineralischen Rohstoffe wird in Abhängigkeit von ihrer Bestimmung und der Verarbeitungstechnologie sowie unter Berücksichtigung der Notwendigkeit einer möglichst vollständigen und komplexen Nutzung der Haupt- und wertvollen Begleitkomponenten ermittelt.
4. Die Berechnung und Bilanzierung der mineralischen Rohstoffvorräte werden nach ihrem Vorhandensein in den Lagern, ohne Abzug der Verluste bei der Gewinnung, Aufbereitung oder Verarbeitung, vorgenommen; der Gehalt und die Eigenschaften der mineralischen Rohstoffe werden in ihrem Naturzustand, unabhängig von einer möglichen Verdünnung während der Gewinnung, bestimmt.
5. Die Berechnung und Bilanzierung der mineralischen Rohstoffvorräte erfolgen nach dem Gewicht; eine Ausnahme bilden mineralische Rohstoffe, die bei der Nutzung in Volumeneinheiten gemessen werden.
6. Die Anwendung dieser Klassifikation auf die einzelnen mineralischen Rohstoffarten wird durch die Instruktionen der Staatlichen Vorratskommission für mineralische Rohstoffe beim Ministerrat der UdSSR geregelt.

B. Die Vorratsgruppen

7. Entsprechend ihrer volkswirtschaftlichen Bedeutung werden die mineralischen Rohstoffvorräte in zwei Gruppen eingeteilt, die getrennt berechnet, bestätigt und bilanziert werden.
   Bilanzvorräte — Vorräte, deren Nutzung wirtschaftlich zweckmäßig ist und die den für die Vorratsberechnung in Lagern festgesetzten Konditionen entsprechen müssen;
   Außerbilanzvorräte — Vorräte, deren Nutzung zur Zeit wirtschaftlich nicht zweckmäßig ist infolge kleiner Menge, Geringmächtigkeit des Lagers, niedriger Gehalte an wertvollen Komponenten, besonders komplizierter Abbauverhältnisse, notwendiger Anwendung sehr komplizierter Verarbeitungsprozesse, die jedoch künftig Objekt einer industriellen Nutzung werden können.
   Bemerkung: Die Vorräte mineralischer Rohstoffe in den Sicherheitspfeilern der Schächte, Haupttransportlinien und anderer Kapitalbauten werden gesondert berechnet und gehören zu den Bilanzvorräten, falls sie den Konditionen entsprechen. Die Vorräte weitverbreiteter Baumaterialien in den genannten Sicherheitspfeilern brauchen nicht berechnet zu werden.
8. Die Konditionen für die Berechnung der mineralischen Rohstoffvorräte in den Lagern werden durch die entsprechenden staatlichen Organe für jede Lagerstätte (oder für eine Gruppe von Lagerstätten mit analogen geologischen und wirtschaftlichen Verhältnissen) auf Grund technisch-ökonomischer Berechnungen festgelegt, ausgehend von den Abbauverhältnissen der Lagerstätte, von der in ihr enthaltenen Menge mineralischer Rohstoffvorräte, der Notwendigkeit einer möglichst vollständigen komplexen Nutzung des mineralischen Rohstoffes, von dessen Wert und der Verarbeitungstechnologie.

C. Die Vorratskategorien

9. Die mineralischen Rostoffvorräte in den Lagerstätten werden in Abhängigkeit vom Erkundungsgrad der Lagerstätten, dem Studium der Qualität des Rohstoffes und der bergbautechnischen Abbauverhältnisse der Lagerstätten in vier Kategorien unterteilt — A, B, C_1 und C_2 —, die durch folgende Bedingungen charakterisiert werden:
   Kategorie A — Vorräte, die so eingehend erkundet und untersucht worden sind, daß die Lagerungsverhältnisse sowie Form und Bau des mineralischen Rohstoffkörpers völlig geklärt sind. Die natürlichen Typen und die industriellen Sorten des mineralischen Rohstoffes, ihr gegenseitiges Verhältnis und ihre räumliche Lage wurden genau bestimmt. Innerhalb der mineralischen Rohstoffkörper wurden erzfreie und nichtkonditionsgemäße Bereiche ausgesondert und umgrenzt. Qualität, technologische Eigenschaften des mineralischen Rohstoffes und die natürlichen Faktoren (hydrogeologische, ingenieurgeologische u. a.), welche die Bedingungen für die Durchführung der bergmännischen Abbauarbeiten bestimmen, sind genau bekannt.
   Der Vorratsumriß des mineralischen Rohstoffes ist durch Bohrungen oder bergmännische Arbeiten bestimmt worden.
   Kategorie B — Vorräte, die so eingehend erkundet und untersucht worden sind, daß die grundlegenden Besonderheiten der Lagerungsverhältnisse, der Form und des Charakters des Baus der mineralischen Rohstoffkörper bekannt sind. Die natürlichen Typen und industriellen Sorten des mineralischen Rohstoffes sowie die Gesetzmäßigkeiten ihrer Verteilung sind ohne genaue Darstellung der räumlichen Lage eines jeden Typs festgestellt. Innerhalb der mineralischen Rohstoffkörper sind das Verhältnis und der Charakter erzfreier und nicht konditionsgemäßer Bereiche ohne ihre genaue Umgrenzung bestimmt. Die Qualität, die hauptsächlichsten technologischen Eigenschaften des mineralischen Rohstoffes und die grundlegenden natürlichen Faktoren, welche die Bedingungen für die Durchführung der bergmännischen Abbauarbeiten bestimmen, sind bekannt.
   Der Vorratsumriß der mineralischen Rohstoffe ist nach den Angaben aus Erkundungsarbeiten bestimmt worden, unter Einbeziehung einer begrenzten Extrapolationszone, falls die mineralischen Rohstoffe eine beständige Mächtigkeit und aushaltende Qualität aufweisen.
   Kategorie C_1 — Vorräte, die mit einer Detailliertheit erkundet und untersucht worden sind, die in allgemeinen Zügen die Klärung der Lagerungsverhältnisse, der Form und des Baus des mineralischen Rohstoffkörpers, seiner natürlichen Typen, industriellen Sorten, der Qualität, der technologischen Eigenschaften sowie der natürlichen Faktoren ermöglicht, welche die Bedingungen für die Durchführung der bergmännischen Abbauarbeiten bestimmen.
   Der Vorratsumriß der mineralischen Rohstoffe ist auf Grund von Erkundungsarbeiten und Extrapolation nach geologischen und geophysikalischen Angaben bestimmt worden.
   Kategorie C_2 — vorläufig geschätzte Vorräte. Die Lagerungsverhältnisse, Form und Verbreitung der mineralischen Rohstoffkörper wurden auf Grund geologischer und geophysikalischer Angaben bestimmt, die durch den Aufschluß des mineralischen Rohstoffes in einzelnen Punkten oder in Analogie zu untersuchten Bereichen bestätigt wurden.
   Die Qualität des mineralischen Rohstoffes wurde nach einzelnen Proben und Handstücken oder nach den Angaben aus den angrenzenden erkundeten Bereichen bestimmt.

Der Vorratsumriß der mineralischen Rohstoffe ist in den Grenzen geologisch günstiger Strukturen und Gesteinskomplexe angenommen worden.

Bemerkung: Außer den Vorräten mineralischer Rohstoffe der Kategorien A, B, C_1 und C_2, die für jede Lagerstätte gesondert berechnet werden, werden in Einzelfällen zur Einschätzung der potentiellen Möglichkeiten von Erzzonen, -feldern, -becken und -bezirken auf Grund allgemeiner geologischer Vorstellungen prognostische Vorräte bestimmt.

10. Die Berechnung und Bilanzierung der Vorräte an komplexen Erzen und der in ihnen enthaltenen wichtigsten wertvollen Komponenten erfolgt in ein und denselben Kategorien; die Vorräte an wertvollen Begleitkomponenten können, entsprechend dem Erforschungsgrad, nach anderen Kategorien berechnet und bilanziert werden.

11. Auf den in Abbau befindlichen Lagerstätten müssen die mineralischen Rohstoffvorräte, die beim Auffahren der Hauptgrubenbaue aufgeschlossen werden, sowie die Vorräte, die innerhalb des Umrisses der bergmännischen Vorrichtungs- und Abbau-Baue liegen, nach der in der Markscheiderordnung festgelegten Nomenklatur berechnet werden und in den Kategorien geführt werden, die ihrem Erforschungsgrad entsprechen.

D. Der Vorbereitungsgrad der Lagerstätten (Reviere) für die industrielle Nutzung

12. Die Ausarbeitung von Projekten und die Zuteilung von Investitionen für den Bau neuer und die Rekonstruktion in Betrieb befindlicher Bergbaubetriebe erfolgt, wenn Bilanzvorräte an mineralischen Rohstoffen der Kategorien A, B und C_1 auf der Lagerstätte oder in ihrem Revier vorhanden sind, die von der Staatlichen Vorratskommission für mineralische Rohstoffe beim Ministerrat der UdSSR (oder in entsprechenden Fällen — von den Gebietskommissionen für mineralische Rohstoffvorräte) bestätigt worden sind. Hierbei gilt für einzelne Lagerstättengruppen das untenangeführte Verhältnis der Vorräte der betreffenden Kategorien.

Gruppe 1. Zu dieser Gruppe gehören Lagerstätten (Reviere) mit einfachem Bau, aushaltender Mächtigkeit der mineralischen Rohstoffkörper und gleichmäßiger Verteilung der nutzbaren Komponenten. Für Lagerstätten dieser Gruppe müssen nicht weniger als 30% der Vorräte in den Kategorien A und B erkundet sein, davon mindestens 10% in der Kategorie A. Eine bedeutende Erhöhung der Menge der erkundeten Vorräte der Kategorien A und B gegenüber der angegebenen Grenze ist ohne ausreichende Begründung unzweckmäßig, mit Ausnahme kleiner Lagerstätten, deren Abbau ohne betriebliche Erkundungsarbeiten durchgeführt wird.

Gruppe 2. Zu dieser Gruppe gehören Lagerstätten (Reviere) mit kompliziertem Bau, unbeständiger Mächtigkeit der mineralischen Rohstoffkörper oder einer ungleichmäßigen Verteilung der nutzbaren Komponenten, bei denen der Nachweis von Vorräten mineralischer Rohstoffe der Kategorie A während der detaillierten Erkundung infolge der hohen Kosten für Erkundungsarbeiten unzweckmäßig ist. Bei Lagerstätten dieser Gruppe müssen mindestens 20% der Vorräte in der Kategorie B erkundet sein.

Gruppe 3. Zu dieser Kategorie gehören Lagerstätten (Reviere) mit sehr kompliziertem Bau, schroff wechselnder Mächtigkeit der mineralischen Rohstoffkörper oder mit einem außerordentlich ungleichmäßigen Gehalt an nutzbaren Komponenten, bei denen es unzweckmäßig ist, während der Erkundung Vorräte der Kategorie B nachzuweisen. Die Projektierung von Bergbaubetrieben und die Zuteilung von Investitionen für den Bau neuer und die Rekonstruktion in Betrieb befindlicher Bergbaubetriebe ist auf der Basis der Vorräte der Kategorie C_1 zulässig.

Bei Lagerstätten, die nicht vollständig in die industrielle Nutzung einbezogen werden, muß das angegebene Verhältnis der Vorräte der verschiedenen Kategorien für den Teil eingehalten werden, der als Basis für den Bau eines Bergbaubetriebes vorgesehen ist.

Bei Lagerstätten von Kokskohlen müssen die Vorräte der Kategorien A + B nicht weniger als 60% der Summe der Vorräte der Kategorien A + B + C_1 betragen, darunter mindestens 30% zur Kategorie A gehören.

13. Die Möglichkeit der Projektierung und des Baus eines Bergbaubetriebes bei Vorhandensein kleinerer Mengen an Vorräten der Kategorie A oder B gegenüber den in Pkt. 12 dieser Klassifikation angegebenen Vorräten wird bei der Bestätigung der Vorräte durch die Staatliche Vorratskommission für mineralische Rohstoffe beim Ministerrat der UdSSR (oder in den entsprechenden Fällen durch die Gebietskommission für mineralische Rohstoffvorräte) festgelegt.

14. Auf den Lagerstätten (Revieren), die industriell genutzt werden sollen, müssen die hydrogeologischen und bergbautechnischen Bedingungen für ihren Abbau, die Qualität und die Technologie der Verarbeitung des mineralischen Rohstoffes in allen Fällen mit einer Detailliertheit untersucht werden, die für die Ausarbeitung des Projektes für einen Bergbaubetrieb genügt.

Am detailliertesten müssen die Abschnitte und Horizonte der Lagerstätte erkundet werden, die nach vorläufigen Angaben als erste für den Abbau vorgesehen sind.

Gleichzeitig mit der Erkundung des Reviers, das zur industriellen Nutzung übergeben wird, müssen die Gesamtvorräte der Lagerstätte eingeschätzt werden.

15. Bei der Projektierung der Bergbaubetriebe müssen zur Bestimmung der möglichen Perspektiven für ihre weitere Entwicklung (Bestimmung der größten Tiefe und der Abbaufläche, Wahl der Aufschlußmethode und des Ansatzortes für den Schacht, Bestimmung der Grenzen eines Tagebaus, der Einsturzzonen, des Standortes der Anlagen, der Anfahrtswege und der Halden) sowie auch zum Zweck der möglichst vollständigen Ausnutzung der mineralischen Rohstoffquellen die Vorräte der Kategorie C_2 und die Außerbilanzvorräte berücksichtigt werden.

16. Die Proportion der Vorräte verschiedener Kategorien auf in Abbau befindlichen Lagerstätten wird in jedem einzelnen Fall durch die Betriebe festgelegt, die den Abbau der Lagerstätte durchführen. Dabei ist von der Notwendigkeit der Sicherung einer normalen Durchführung der bergmännischen Vorrichtungs- und Abbauarbeiten entsprechend den Produktionsplänen des Betriebes auszugehen.

Mechanische Entnahme von Schlitzproben an Bohrkernen[1)]

M. N. ALBOW & W. L. TSCHELYSCHEW, Swerdlowsk

Bei der üblichen Probenahme wird der Bohrkern gespalten, die eine Hälfte nach entsprechender Zerkleinerung und Viertelung für chemische und andere Untersuchungen verwendet, die andere aber aufbewahrt.

Das Ausgangsgewicht der Kernprobe betrug nicht selten 5—10 kg, die Größe der einzelnen Stücke lag zwischen 10—100 mm. Nach dem Zerkleinern und Vierteln der Probe hatte man 0,2—0,5 kg Material, dessen gröbste Fraktion nicht größer als 0,1—0,2 mm war.

Bei einer Spaltung des Bohrkernes erhält man, besonders wenn der Kern von Klüften durchsetzt ist, häufig größere Gesteinsbrocken von unregelmäßiger Form und eine geringe Menge feines Material, in dem die spröden Erzmineralien angereichert sind. In den methodischen Anleitungen zur Durchführung von geologischen

1) Aus: „Raswedka i Ochrana Nedr", Nr. 6, 1959. Übers.: S. LÄCHELT. Bemerkungen der Redaktion der Zeitschrift „Raswedka i Ochrana Nedr": Die von ALBOW & TSCHELYSCHEW beschriebene Methode bedarf noch einer zusätzlichen Erprobung unter Produktionsbedingungen und ist nur bei gleichmäßiger Verteilung der nutzbaren Komponente, d. h. bei einem Aushalten in der Zusammensetzung der Lagerstätte, anwendbar

Erkundungsarbeiten wird empfohlen, die feine Erzfraktion für jeden Probenahmeabschnitt getrennt zu sammeln und dann in zwei Hälften zu teilen. Die eine Hälfte der feinen Erzsubstanz soll mit der für die Analyse vorgesehenen Probe gemischt werden, die andere Hälfte mit dem Rest des Kernes für evtl. Kontrollanalysen aufbewahrt oder vernichtet werden.

Bei schiefrigen oder klüftigen Gesteinen besteht der Kern oft nur aus vielen kleinen Brocken, so daß leicht eine Verunreinigung durch Material aus anderen Proben erfolgen kann und die Probe keine einwandfreie Bewertung ermöglicht.

In Kanada und in den USA wird bei der Erkundung von Erzlagerstätten in festen Gesteinen vorwiegend mit Diamantkronen gebohrt. Kerne bis zu einem Durchmesser von 3/4 Zoll werden gewöhnlich nicht geteilt, sondern ganz zur chemischen Untersuchung gegeben. Bei Kernen mit größerem Durchmesser erfolgt entlang ihrer Achse eine Teilung mit Hilfe der üblichen Kerntrenner. Beträgt der Kerndurchmesser 100 bis 150 mm, so wird ein Kerntrenner mit hydraulischer Zuleitung benutzt. In einer Probe werden nicht mehr als 1,5 m vereinigt. Bei geringem Arbeitsumfang erfolgt eine Trennung des Kerns mit der Hand.

Wird der Kern mit Hilfe einer Diamantsäge geteilt, ist die Qualität der Kerntrennung wesentlich höher als bei einer Trennung mit einem Kerntrenner. Zerschlagene oder klüftige Kerne werden zuerst mit schnelltrocknendem Leim verkittet. In der Literatur findet man aber nirgends Hinweise über die Ausnutzung des beim Zersägen des Kernes entstehenden Gesteinsmehles für die Probenahme, das durchaus mit in die Analysenprobe eingehen könnte.

Um Kernkisten einzusparen, wird häufig der Kern mit der Diamantsäge in zwei ungleiche Teile getrennt. Das größere Teil kommt als Probe in das chemische Laboratorium und das kleinere bleibt als Beleg zurück (I. D. CUNNING 1956).

In allen über die Probenahme von Bodenschätzen durchgeführten Forschungsarbeiten wird das Minimalgewicht einer Probe zur Vereinfachung der Probenbearbeitung diskutiert. Entscheidend für die Probemenge sind die Erztextur, die Größe und Häufigkeit der Erzmineralausscheidungen, der Gehalt an nutzbarer Komponente im Erz und in den Erzmineralen.

Wenn bei gleichmäßigen Texturen die Orientierung der Schlitzprobe im Raum ohne wesentliche Bedeutung ist, so darf bei lagenförmigen Texturen die Probenahme nur in Richtung der geringsten Veränderlichkeit, d. h. quer zur flächenhaften Erstreckung, erfolgen. Auch die Erkundungsbohrungen werden gewöhnlich in dieser Richtung angesetzt. Der aus der Bohrung gewonnene Kern bildet auf jeden Fall eine ausreichende Probe. Jedoch genügt für eine Analyse auch der Gehalt an nutzbarer Komponente in einer entlang des Kernes als Schlitz mit geringem Querschnitt herausgeschnittenen Probe.

Große Körner von Erzmineralien sind selten und treten gewöhnlich in den Lagerstätten der Gruppe 3 und 4 der Klassifikation der Staatlichen Vorratskommission (vgl. W. I. SMIRNOW 1957) auf, die vorwiegend durch bergmännische Arbeiten und nicht durch Bohrungen erkundet werden. In den Lagerstätten der Gruppe 1 und 2 sind die Erzmineralkörner kaum größer als 10 mm, gewöhnlich aber beträgt ihre Größe weniger als ein Millimeter bis einige Millimeter. Da die Erze dieser Gruppe durchgehende Ausscheidungen oder dichte Einschlüsse im Gestein bilden (W. A. GLASKOWSKI 1946), kommen auf eine Probe von einem Meter Länge sehr viele Minerale, und eine Schlitzprobe vom Kern genügt vollkommen.

Das Minimalgewicht der Probe hängt schließlich vom Verhältnis des Metallgehaltes im Erzmineral β zum mittleren Metallgehalt im Erz α ab (M. N. ALBOW 1952). Für Schwarz- und Buntmetallerze der Lagerstättengruppe 1 und 2 ist dieses Verhältnis gewöhnlich kaum höher als 20, und das Ausgangsgewicht der normalen Bohrproben liegt zwischen 2 bis 5 kg. Für Erze seltener Metalle und Edelmetalle, die zur 3. und 4. Lagerstättengruppe gehören, erreicht das Verhältnis $\beta:\alpha$ 100 und 1000, und das Ausgangsgewicht einer gewöhnlichen Probe beträgt mehr als 10 kg. Diese Darlegungen bestätigen, daß für viele Lagerstätten von Schwarz- und Buntmetallen der Gruppen 1 und 2 der Klassifikation der Staatlichen Vorratskommission sowie für in ihrer Zusammensetzung nicht wechselnde andere Bodenschätze Schlitzproben vom Kern ausreichen. So hat sich z. B. nach Angaben von A. A. IWANOW (1953) bei der Erkundung von Salzlagerstätten mit Kernbohrungen die Probenahme von Salzkernen mittels Lochbohren als am objektivsten und genauesten bewährt.

Zahlreiche chemische Analysen können vermieden werden (M. N. ALBOW 1952), wenn man durch vorläufige Schnellanalysen im Feldlaboratorium den Vererzungsbereich genauer feststellt. Zur raschen Gewinnung von Analysenmaterial empfiehlt es sich, auf der Kernoberfläche durch Kratzen mit einem spitzen Gegenstand eine Probe zu entnehmen. Diese Methode wurde nach Angaben von K. I. SATPAJEW erstmalig bei der Erkundung der Dscheskasganer Lagerstätte angewandt.

Für die Schlitzprobenahme schlugen Verf. 1958 die Anwendung des in der Abb. 1 gezeigten Gerätes vor.

Vom Elektromotor 1 wird die Drehung mittels eines Keilriemens auf das Stufenrad 2 übertragen. Dieses treibt die mit ihm auf gleicher Welle sitzende Fräse 3 an. Außerdem erfolgt von dem Stufenrad aus die Übertragung der gewählten Leistung auf den Wagen 4. Dieser wird durch die Laufspindel 5 und die mehrteilige Vorschubschraube 6 bewegt. Während des Arbeitsganges versetzt sie die Laufspindel in Drehung und bewegt den Wagen von links nach rechts. Bei Leerlauf des Wagens (für seine Drehung in die äußerste linke Ausgangslage) löst sich die Vorschubmutter von der Laufspindel, und der Wagen wird mit der Hand bewegt. Das Wechselrad 7 setzt die Laufspindel über das Schneckengetriebe 8 in Drehung.

In Abb. 2 ist die Schlitzprobenahme dargestellt. Der Wagen 2 bewegt sich zusammen mit dem auf ihm befestigten Kern 1 in Pfeilrichtung. Die sich im Uhrzeigersinn drehende Fräse 5 schneidet einen Schlitz mit rechteckigem Querschnitt in den Kern. Das Rohr 3 führt der Fräse ständig Wasser zu,

Tab. 1. Verteilung der untersuchten Kernmärsche auf die Erztypen

Erztypen	Gesamtlänge des untersuchten Intervalles in m	Länge des untersuchten Kerns in m	Mittleres Kerngewicht in %	Anzahl der Proben
Massige Magnetite vom Berg Wysockaja	65,85	59,45	90,0	38
Massige Magnetite der Sewero-Pestschansker Lagerstätte	103,12	78,56	76,3	37
Magnetitskarne vom Berg Wysockaja	30,95	27,10	88,0	17
Kupferkies der Lagerstätte „III. Internationale"	11,69	6,96	60,0	13
Kupferkies der Gaisker Lagerstätte	53,70	46,40	86,5	37
Kupfer-Zink-Erze der Gaisker Lagerstätte	100,90	89,15	88,5	71
Schwefelkies der Gaisker Lagerstätte	30,45	30,15	99,0	24
Gesamtmittel:	396,66	337,77	85,2	237

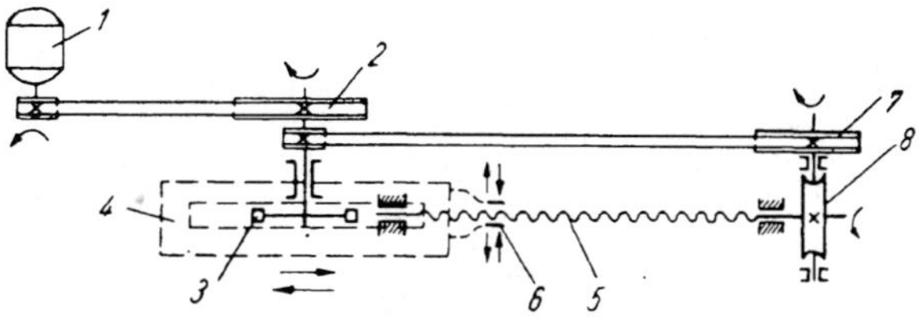

Abb. 1. Schema des Geräteaufbaus

1 – Elektromotor, 2 – Stufenrad, 3 – Fräse, 4 – Wagen, 5 – Laufspindel, 6 – mehrteilige Vorschubmutter, 7 – Wechselrad, 8 – Schneckengetriebe

das die Schneidezähne abkühlt und das Material der Schlitzprobe abwäscht. Durch die Umhüllung 6 wird das Probematerial (Schlamm) in das Probeaufnahmegefäß 7 geleitet. Mit der schwenkbaren Spindel 4 läßt sich die Vertikaleinstellung der Fräsenachse ändern und somit die Schlitztiefe variieren. Im allgemeinen liegt sie zwischen 10 bis 11 mm.

Bei den Versuchsarbeiten wurden Diskusfräsen mit 20 Schneidezähnen verwandt. Die Schneidezähne, die mit Blättchen der Hartlegierung WK-8, Form 13, Herstellungsnummer 1325, veredelt werden, ermöglichen die Entnahme der Schlitzproben an Gesteinskernen bis zur Bohrfähigkeit IX. In Gesteinen bis zur Kategorie V kann man mit Erfolg die Standarddiskusfräsen aus Schnellschneidestahl P-9 mit einem Durchmesser von 110 mm und mit 40 Schneidezähnen anwenden. Die Breite einer solchen Fräse wird nach der benötigten Schlitzbreite ausgewählt. Für Gesteine der Bohrfähigkeiten X, XI und XII sind Diamantfräsen zu benutzen.

Nachdem sich das Probenmaterial im Auffanggerät gesetzt hat, wird das Wasser abgegossen und die Probe im Trockenschrank getrocknet. Das trockene Material wird mit einem Sieb von 1 mm Maschenweite abgesiebt (um zufällige größere Brocken aus dem Bereich außerhalb des Schlitzes zu entfernen). Die Probe wird gemischt und geteilt, der eine Teil zur chemischen Analyse ins Laboratorium gegeben, der andere als Duplikat aufbewahrt.

Eine besondere Einrichtung am Wagen erlaubt es, Kernstücke gleicher oder verschiedener Größe, halbe Kerne oder unregelmäßig geformte Stücke zu befestigen. Um Schlitzproben an klüftigen oder weichen Kernen zu nehmen, ist das Gerät mit einem Kassettensatz versehen. Der Kern wird in eine solche Kassette eingelegt und in Achsenrichtung gepreßt. Anschließend wird die Kassette mit dem Kern auf dem Wagen des Gerätes befestigt. Die Probenahme selbst erfolgt dann auf dem gewöhnlichen Wege.

Tab. 2. Vergleich der beiden Schlitzprobenvarianten (a und b) mit den üblichen Kernproben

Parameter	Magnetitskarne			Kupferkiese	
	Fe	S	P	Cu	S
Anzahl der Proben (n)	17	17	17	13	13
Mittlerer Gehalt in %:					
Variante a	25,5	0,39	0,057	8,3	42,9
Variante b	25,8	0,35	0,048	8,4	42,5
Mittel aus beiden Varianten	25,6	0,37	0,052	8,3	42,7
Korrelationskoeffizienten mit den Analysenergebnissen aus den Kernhälften (± r):					
Variante a	+ 0,826	+ 0,994	+ 0,903	+ 0,945	+ 0,810
Variante b	+ 0,852	+ 0,985	+ 0,938	+ 0,989	+ 0,983
Mittel aus beiden Varianten	+ 0,858	+ 0,990	+ 0,935	+ 0,944	+ 0,920
Bedingte Realität der Korrelationsbedingung $r\sqrt{n-1} \geq 3$:					
Variante a	3,30	3,97	3,61	3,27	2,80
Variante b	3,41	3,94	3,75	3,42	3,40
Mittel aus beiden Varianten	3,43	3,96	3,47	3,26	3,18

Technische Charakteristik des Gerätes

Durchmesser der Fräse	100–110 mm
Schlitztiefe	0– 14 mm
Schlitzbreite	3,5–8 mm
Umdrehungszahl der Fräse pro min	442
Wagengang	447 mm
Kernlänge, die im Wagen untergebracht werden kann	450 mm
Wagengeschwindigkeit	4,13; 5,87 und 6,35 m/h
Übertragung auf den Schneidezahn der Fräse:	
bei einer Wagengeschwindigkeit von 4,13 m/h	0,008 mm
,, ,, ,, ,, 5,87 m/h	0,011 mm
,, ,, ,, ,, 6,35 m/h	0,12 mm
Korngröße der Probe	0,1 mm
Dreiphasenelektromotor, kurzgeschlossen	1 kW
Umdrehungszahl der Motorwelle pro min	1400
Ausmaße des Gerätes:	
Länge	1280 mm
Breite	510 mm
Höhe	400 mm
Gewicht des Gerätes, einschließlich des Motors	75 kg

Die Übertragungsgeschwindigkeit wird durch Radwechsel geändert.

Die experimentellen Untersuchungen wurden in den Jahren 1957 und 1958 von den Expeditionen und Kartierungsgruppen der Uraler und Süduraler Geologischen Verwaltung an massigen Magnetiten vom Berg Wysokaja und der Sewero-Pestschanskaja-Lagerstätte, an Magnetitskarnen vom Berg Wysokaja, am Erz aus der Kupferkieslagerstätte „III. Internationale", an Kupfer-, Kupfer-Zink- und Schwefelkiesen der Gaisker Lagerstätte durchgeführt. Für die Probenahme wurden Kerne aus Bohrungen, die noch nicht durch einen Kerntrenner zerschlagen waren, verwandt. Für jeden Erztyp wurden aus verschiedenen Kernstrecken von 3–4 Bohrungen die Proben genommen, um eine maximale Probemenge zu erhalten. In Tab. 1 ist die Gesamtlänge des untersuchten Kerns nach natürlichen und industriellen Erztypen aufgeführt.

Von jeder Kernstrecke wurde mit Hilfe des beschriebenen Gerätes zunächst eine Schlitzprobe genommen und erst danach mit dem Kerntrenner die gewöhnliche Probe (halber Kern). Die einzelnen Arbeitsgänge des Gerätes der Versuchsreihe wurden mit der Stoppuhr kontrolliert.

Die gewählten Schlitzquerschnitte betrugen 6×7 mm und 5×5 mm. Bei den massigen Magnetiten wurde die Probe aus einem Schlitz entnommen. Bei Kupferkies und den Magnetitskarnen erfolgte die Probenahme in

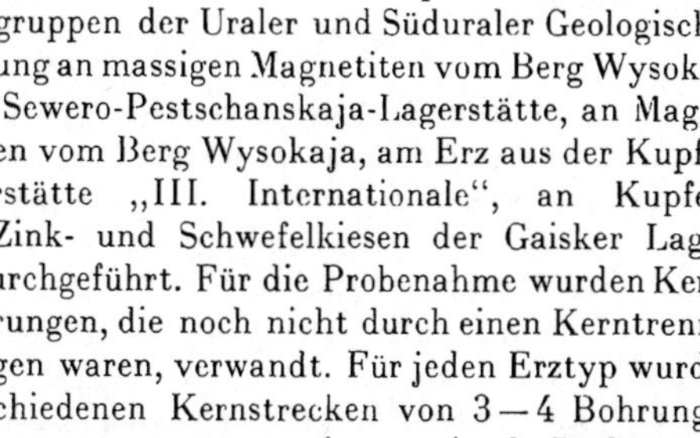

Abb. 2. Schlitzprobenahme am Kern

1 – Kern, 2 – Wagen, 3 – Wasserzuflußrohr zur Kühlung der Fräszähne und Abspülung des Probenmaterials (Schlamm), 4 – Laufspindel, 5 – Fräse, 6 – Umhüllung, die das Probenmaterial (Schlamm) in das Auffanggefäß 7 leitet

Tab. 3. Zuverlässigkeitsbereich und Toleranz der Schlitzmethode bei der Probenahme an Kernen

Parameter der Schlitzmethode bei der Probenahme an Kernen	Berg Wysockaja						Magnetite aus Sewero-Pestschanskaja	Kupferkiese der Lagerstätte „III. Internationale“		Gaisker Lagerstätte				
	Massige Magnetite			Magnetitskarne						Kupferkies		Kupferhaltiger Zinkkies		Schwefelkies
	Fe	S	P	Fe	S	P	Fe	Cu	S	Cu	Zn	Cu	Zn	Cu
Anzahl der Proben (n)	38	38	38	17	17	17	37	13	13	37	26	71	60	24
Mittlerer Gehalt in %														
Kernprobe	57,3	0,68	0,076	24,00	0,41	0,051	60,0	7,9	44,1	0,79	0,80	7,29	3,94	0,26
Schlitzprobe	56,9	0,62	0,069	25,60	0,37	0,052	62,0	8,3	42,7	0,80	0,73	6,80	3,77	0,33
Mittlere absolute quadratische Abweichung, die die einzelnen Beobachtungen charakterisiert (± σ):														
Kernprobe	7,00	4,16	3,65	9,25	9,44	6,75	6,32	2,92	3,09	0,75	0,55	6,57	3,66	0,07
Schlitzprobe	6,63	4,05	9,35	8,99	7,54	6,18	4,90	2,69	3,46	0,82	0,43	5,45	3,46	0,10
Mittlere absolute quadratische Abweichung, die die Gehaltsbestimmung charakterisiert (± m):														
Kernprobe	1,17	0,68	0,60	2,25	2,28	1,63	1,04	0,81	0,85	0,12	0,11	0,78	0,48	0,02
Schlitzprobe	1,09	0,67	1,54	2,17	1,83	1,50	0,81	0,75	0,96	0,13	0,08	0,65	0,45	0,02
Korrelationskoeffizienten, die die Zuverlässigkeit der Schlitzmethode gegenüber der Kernmethode charakterisieren (± r):	+ 0,946	+ 0,989	+ 0,927	+ 0,858	+ 0,990	+ 0,935	+ 0,870	+ 0,988	+ 0,920	+ 0,960	+ 0,765	+ 0,890	+ 0,950	+ 0,725
Berechnungsfehler der Korrelationskoeffizienten (± mr):	0,017	0,003	0,022	0,046	0,003	0,003	0,039	0,006	0,042	0,13	0,081	0,024	0,013	0,096

zwei Varianten (a und b). Beim Kupferkies wurde die Probe aus zwei gegenüberliegenden Schlitzen entnommen, das Material jedes Schlitzes zu je einer Probe zusammengefaßt und von jeder Variante eine getrennte chemische Analyse durchgeführt.

Bei der Bearbeitung der Analysenergebnisse der Kupferkiesproben aus der Lagerstätte „III. Internationale“ konnte aber festgestellt werden, daß es vollkommen ausreichend ist, wie bei dem massigen Magnetit nur aus einem Schlitz eine Probe zu nehmen. Deshalb wurden bei allen Erztypen der Gaisker Lagerstätte nur aus einem Schlitz Proben genommen. Beim Magnetitskarn stammt das Probenmaterial aus vier um 90° gegeneinander versetzten Schlitzen. Das Material von je zwei gegenüberliegenden Schlitzen wurde zu einer Probe vereinigt, und jede der beiden Varianten wurde ebenfalls getrennt analysiert.

Durch Auswertung der Ergebnisse der chemischen Analyse von auf verschiedene Weise entnommenen Proben (aus den Kernhälften und aus den Schlitzen) konnten die Hauptparameter beider Methoden bestimmt werden.

Aus dem in Tab. 2 gezeigten Vergleich der beiden Varianten (a und b) der Schlitzproben von Magnetitskarn und Kupferkies mit den üblichen Kernproben (aus Kernhälften) ist ersichtlich, daß die Varianten a und b praktisch die gleichen Ergebnisse gebracht haben. Daraus ergibt sich, daß man Kupferkies nur mit einem Schlitz und Magnetitskarn mit zwei Schlitzen zu bemustern braucht.

Die Hauptparameter der beiden zu vergleichenden Methoden sind für alle Erztypen in Tab. 3 aufgeführt.

Der Wert für den Korrelationskoeffizienten zwischen der Schlitzprobenahme und der gewöhnlichen Kernprobenahme liegt zwischen +0,725 bis +0,990. Damit ist praktisch erwiesen, daß die Schlitzproben durchaus die üblichen aus Kernhälften genommenen Proben ersetzen können.

Der Vorteil der Schlitzprobenahme an Kernen liegt in der gleichzeitig mit dem Vorgang der Probenahme erfolgenden Zerkleinerung und Verringerung des Materials für die chemische Analyse. In Tab. 4 wurden die Ergebnisse der Siebanalyse einer Schlitzprobe aus massigen Magnetiterzen zusammengestellt.

Die Siebanalyse zeigt, daß das Material der Schlitzprobe zu 87,65% zur Kornfraktion < 0,1 mm gehört und die Kornfraktion von 0,1—0,2 mm nur 5,13% ausmacht.

Vorteile der beschriebenen Probenahmemethode

1. Durch Mechanisierung der Probenahme erhält der Schlitz auf der gesamten Kernlänge einen konstanten Querschnitt (in den durchgeführten Versuchen 6 × 7 und 6 × 5 mm).

2. An Stelle von 10—15 kg bei zwei Meter Kernlänge ist das Gewicht der Schlitzprobe für das gleiche Intervall nicht höher als 150—200 g bei ausreichend hoher Zuverlässigkeit der Analyse der Schlitzproben. In den an insgesamt 237 parallel genommenen Proben durchgeführten Versuchen lag der Korrelationskoeffizient für die verschiedenen Elemente zwischen + 0,725 bis + 0,990.

3. Vereinigung der Probenahme, Zerkleinerung und Verringerung der Probemenge in einem Prozeß. Die Siebanalyse zeigt, daß die Korngrößenklasse < 0,1 mm ca. 85%, während die Kornfraktion von 0,1—0,2 mm nicht mehr als 5% vom Probengewicht ausmacht.

4. Die starke Senkung des Verbrauchs an Elektroenergie bei der Bearbeitung der Proben. Bei der Wysokogorsker geo-

Tab. 4

Klasse in mm	1. Probe		2. Probe		Mittel	
	g	%	g	%	g	%
− 1,0 + 0,60	1,55	1,55	0,85	0,91	2,40	1,23
− 0,60 + 0,40	0,63	0,63	0,47	0,50	1,10	0,56
− 0,40 + 0,20	3,94	3,94	2,52	2,69	6,46	3,34
− 0 20 + 0,15	2,08	2,08	1,85	1,98	3,93	2,03
− 0,015 + 0,10	6,58	6,58	4,14	4,43	10,72	5,19
− 0,10 + 0,074	7,27	7,27	9,08	9,70	16,35	8,46
− 0,074	77,94	77,95	74,70	79,79	152,64	79,19
insgesamt:	99,99	100,00	93,61	100,00	193,60	100,00

Zeitschrift für angewandte Geologie (1961) Heft 8

logischen Erkundungsgruppe betrug der Verbrauch an Elektroenergie mit der neuen Methode je Schicht 5 kWh an Stelle von 25 kWh, die bei der Zerkleinerung von mit einem Kerntrenner abgespaltenen Proben verbraucht werden.

5. Verringerung des Personals für die Probenahme und Probenbearbeitung von drei auf zwei Mitarbeiter pro Schicht.

6. Erhöhung der Arbeitsproduktivität. Bei der Wysokogorsker geologischen Erkundungsgruppe wurden für die Probenahme mit Kerntrenner 1,37 Stunden benötigt. Die neue Methode erfordert für eine Probe nur 0,67 Stunden. Mit der neuen Methode können pro Schicht zwölf Proben, gegenüber sechs Proben nach der alten Methode bearbeitet werden, einschließlich Zerkleinerung und Verjüngung der Probe.

7. Verringerung der Probenkosten. In der Wysokogorsker geologischen Erkundungsgruppe betrugen die Kosten bei einer Probenahme mit Kerntrenner und nachfolgender Bearbeitung 15 Rubel 72 Kopeken. Nach der neuen Methode betrugen die Probenkosten 5 Rubel 65 Kopeken (alte Währung).

8. Durch die neue Methode ist es möglich, die Entnahme von Schlitzproben an den Kernen zu wiederholen.

Der Austausch der Hartlegierungen gegen Diamanten auf dem Fräsenrand ermöglicht die Schlitzprobenahme an den Kernen der härtesten Erze und Gesteine.

Die Anwendung der neuen Kernbemusterungsmethode zeigt Möglichkeiten zur Verringerung der Durchmesser von Erkundungskernbohrungen, was letztlich zur Erhöhung der Arbeitsproduktivität und zur Kostensenkung der Bohrarbeiten führt.

Zusammenfassung

Verf. beschreiben an Hand von Beispielen die Vorteile der Schlitzprobenahme am Kern gegenüber der sonst üblichen Probenahme durch Kerntrennung. Die dargestellte Methode gibt vor allem die Möglichkeit, die Arbeitsproduktivität bei der Probenahme zu steigern und den Kerndurchmesser der Erkundungsbohrungen zu verringern.

Резюме

Авторы описывают, основываясь на примерах, преимущество бороздового опробования кернов по сравнению с обычным опробованием при помощи разделения керна. Описанный метод дает возможность увеличить производительность труда и уменьшить диаметр керна при разведочном бурении.

Summary

Examples are given by the authors to describe the advantages of slot sampling on the cores, as compared to otherwise usual sampling by core separation. The method described enables above all to increase labour productivity during sampling and to reduce the core diameter of reconnaissance drillings.

Literatur

ALBOW, M. N.: Die Probenahme bei Erzlagerstätten. — 2. Aufl., Metallurgisdat, 1952.

ALBOW, M. N. & W. L. TSCHELYSCHEW: Autorenhinweis Nr. 116—191, 1958 (russ.)

CUNNING, I. D.: Diamond drill handbook. — 2. Aufl., Toronto, Kanada, 1956.

GLASKOWSKI, W. A. & W. W. DOLIWO-DOBROWOLSKI: Die Texturenbesonderheiten von Erzen. — OBTI Mechanobra, Mitteilung Nr. 4/12, Metallurgisdat 1946.

IWANOW, A. A.: Grundlagen der Geologie von Lagerstätten mineralischer Salze nebst Methodik der Such- und Erkundungsarbeiten. — Arbeiten des WSEGEI, Gosgeolisdat, 1953.

KREITER, W. M.: Die Suche und Erkundung von Bodenschätzen. — Gosgeolisdat, 1940.

POSCHARIZKI, K. L.: Die Probenahme bei Buntmetall- und Goldlagerstätten. — Metallurgisdat, 1947.

SMIRNOW, W. I.: Geologische Grundlagen der Suche und Erkundung von Erzlagerstätten. — Verlag der MGU, 2. Aufl., 1957.

Methodische Anleitung für die Durchführung von geologischen Erkundnugsarbeiten, Ausgabe 10: Die Erkundung von Kupfer-, Blei- und Zinklagerstätten. — Geosgeoltechisdat, 1957.

Ein Ziehhaken zur Erleichterung der Peilstangenkartierung

REINHARD KUNERT, Halle (Saale)

In Gebieten mit Pleistozänbedeckung oder starker Bodenbildung ist die Peilstange das wesentlichste Arbeitsinstrument des kartierenden Geologen, da mit ihrer Hilfe die flächenhafte Verbreitung der einzelnen Bildungen im 2-m-Bereich festgestellt wird.

Der mit der Peilstangenkartierung verbundene Arbeitsaufwand ist aus folgenden Zahlen ersichtlich:

Auf Meßtischblatt Hettstedt (4335) wurden z. B. über 10000 Peilstangenbohrungen geschlagen, das sind 20000 lfd. Meter. Diese Arbeit wurde in zweimal sechs Monaten von zwei Kartierungstrupps geleistet, die aus je einem Geologen und einem Kollektor bestehen. Daraus ergibt sich eine monatliche Leistung von mindestens 400 lfd. Metern pro Kopf. Ausfallzeiten, verursacht durch Arbeitskräftemangel oder anderweitige geologische Arbeiten, sind nicht berücksichtigt worden. Die aufgewandte Arbeit ist noch nicht in physikalischen Maßeinheiten ermittelt worden. Für einen Meter benötigt man etwa 10—50 Schläge mit dem Holzhammer, beim Ziehen der Peilstange handelt es sich oft um Zentnerlasten, die zu heben sind.

Im Gegensatz zu den technischen Mitteln, die den Geologen heute in Form von Bohrungen, Schürfen und Laboratorien zur Verfügung stehen, werden die wesentlichen Aufschlüsse für die Meßtischblattaufnahme mit primitiven Werkzeugen vom kartierenden Geologen selbst geschaffen. Wie überall, so ist auch auf diesem Gebiet eine Mechanisierung dringend erforderlich, um die schwere körperliche Arbeit zu erleichtern.

Im Jahre 1958 versuchte die Kartierungsgruppe BROSSMANN/KUNERT des Geologischen Dienstes Halle, wenigstens das Ziehen der Peilstangen zu erleichtern; denn das ist zweifellos die schwerste Arbeit bei der Kartierung und führt oft zu Muskelzerrungen.

Es wurde dabei von dem bisher üblichen Verfahren ausgegangen, das Ziehen der 2-m-Stange durch Druck zu erreichen. Die nach unten gerichtete Kraft wird durch einen Hebel (1-m-Bohrstange) in eine nach oben gerichtete verwandelt, wobei der Kopf des Holzhammers zum Drehpunkt wird. Dabei ist das Verhältnis der Hebelarme etwa 1 : 10, so daß die drückende Kraft im gleichen Verhältnis in eine ziehende verwandelt wird. Der Hebel faßt unter den Drehstab, der durch das Loch im Bohrkopf gesteckt wird. Die mögliche Hubhöhe ist durch die Höhe des Hammerkopfes und das Verhältnis der Hebelarme auf etwa 0,3 m beschränkt. Gelegentlich, z. B. in trockenem Löß, zähem Ton oder kiesigem Boden, reicht diese Hubhöhe nicht aus, um die Stange so weit zu lockern, daß sie sich mit der Hand weiterziehen läßt. Dann kann der Drehpunkt durch Steine, Pflüge usw. erhöht werden, jedoch sind diese Hilfsmittel meist nicht greifbar.

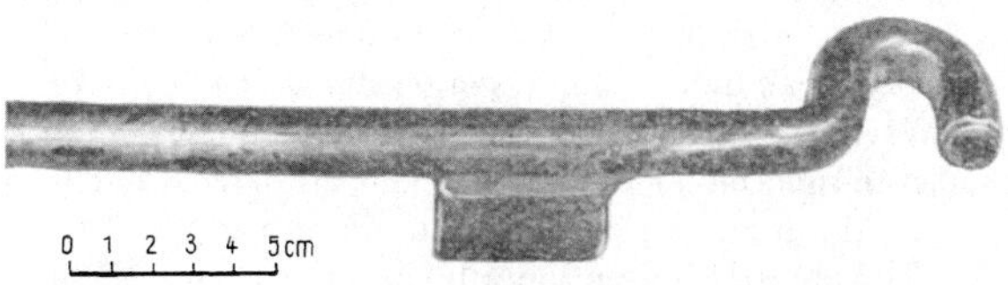

Abb. 1. Der Ziehhaken

Es wurden der Abt. Kartierung bereits verschiedene Hebegeräte vorgeschlagen, die jedoch stets eine zusätzliche Belastung darstellen. Die Kartierungsgruppe BROSSMANN/KUNERT suchte die Lösung bei der Umgestaltung des Drehstabes, der ohnehin bei jeder Bohrung benötigt wird, so daß er auch in seiner abgewandelten Form als Ziehhaken stets greifbar und einsatzbereit ist, ohne daß sich die Zahl der Teile des Bohrgerätes erhöht.

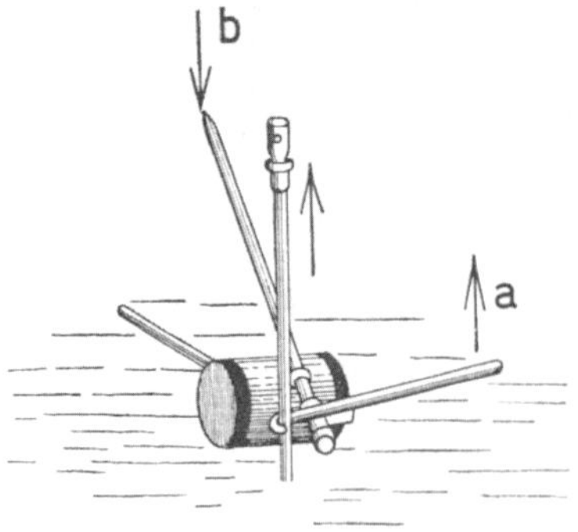

Abb. 2. Das Hebeln mit Hilfe des Ziehhakens

Die Wirkungsweise des Ziehhakens (Abb. 1) besteht darin, daß mit seiner Hilfe der Ansatzpunkt des Hebels an der 2-m-Stange beliebig verändert werden kann.

Als Material für die Herstellung von je zwei Ziehhaken wird der obere Meter von ausgedienten 2-m-Stangen verwendet. Das eine Ende wird zu einem Haken geschmiedet, dessen Öffnung der Stärke der 2-m-Stangen entsprechen soll, so daß diese in den Haken hineinpassen. Der Ziehhaken haftet an der Stange, wenn er vor Ansetzen des Hebels nach oben gezogen wird. Damit die Stange beim Drücken nicht aus dem Haken rutschen kann, muß der Haken etwas größer als ein Halbkreis sein. Um ein seitliches Abrollen des Hebels zu verhindern, wurde ein Stollen am Ziehhaken angeschweißt. Die Höhe des Stollens muß größer sein als der Radius des Kopfes der 1-m-Stange, der Abstand zwischen Stollen und Haken dem Durchmesser des Kopfes der 1-m-Stange entsprechen. So wurde aus dem Drehstab (45 cm Länge, 600 g Gewicht) der Ziehhaken (48 cm Länge, 900 g Gewicht). Genaue Maße anzugeben, ist wenig sinnvoll, da die Abmessungen der Bohrstangen nicht genormt sind.

Beim Hebeln mit Hilfe des Ziehhakens wird der Holzhammer mit seinem Kopf neben die Bohrstange gelegt, der Ziehhaken an der 2-m-Stange angekantet (Abb. 2, a) und dann mit der 1-m-Stange über den Kopf des Holzhammers als Drehpunkt gehebelt (Abb. 2, b). Nach jedem Hub wird der Ziehhaken neu angesetzt, bis sich die Stange mit der Hand ziehen läßt. Der Erfolg des Hebelns hängt weitgehend von der Qualität der 1-m-Stange ab. Wenn sie aus zu weichem Stahl angefertigt wurde, muß man sie nach jedem Hub drehen, damit sie sich wieder geradebiegt.

Die beschriebene Methode löst jedoch die gestellte Aufgabe nicht vollständig. Sie läßt sich nur zum Ziehen der 2-m-Stange verwenden, da diese selbst zu dünn ist, um ihrerseits als Hebel beim Ziehen der 1-m-Stange Verwendung finden zu können. Das verbesserte Hebeln der 2-m-Stange stellt also nur einen Teilerfolg dar, während weiterhin die völlige Mechanisierung der Peilstangenkartierung angestrebt werden muß. In Anbetracht des minimalen Aufwandes sollte man jedoch vorläufig den Ziehhaken benutzen; denn er erleichtert die Arbeit und somit steigt die Arbeitsproduktivität.

Bestimmung des Zirkoniums in rezenten Seifen, Kaolinen, Schwermineralkonzentraten und anderen natürlichen Rohstoffen

HORST UNGETHÜM, Berlin

I. Einleitung

Das Erkundungsprogramm der Arbeitsgruppe Seltene Elemente stellte die Mitarbeiter des Labors im Jahre 1959 vor die Aufgabe, in einer großen Anzahl Seifen- und Schwermineralkonzentratproben den Zirkoniumgehalt zu bestimmen. Dabei kam es in der Hauptsache darauf an, Zirkoniumgehalte bis zu 5% zu ermitteln. Da sich die zu untersuchenden Proben im wesentlichen aus Quarz, Magnetit, Ilmenit, Rutil, Zirkon, Korund und Monazit zusammensetzten, mußte also im Analysengang das Zirkonium nach Abscheidung der Kieselsäure von mehr oder weniger großen Mengen Eisen, Titan, Aluminium und Seltenen Erden getrennt werden. Die Zirkoniumbestimmung nach der klassischen Phosphatmethode gibt bei hohen Salzkonzentrationen infolge Fremdioneneinschluß durch den voluminösen Niederschlag leicht zu hohe Werte und trennt bei Anwesenheit von Titan nur unvollständig. Das neuerdings gut eingeführte Mandelsäureverfahren zur Zirkoniumbestimmung neigt bei geringen Zirkoniumgehalten zu Fällungsverzögerungen und Unterbefunden. Bei der Abtrennung von sehr kleinen Zirkoniummengen, z. B. für eine anschließende kolorimetrische Bestimmung, treten jedoch bei beiden Fällungsreagenzien Schwierigkeiten auf. Es wurde deshalb notwendig, ein Verfahren auszuarbeiten, welches es erlaubt, Zirkonium möglichst in allen vorkommenden Konzentrationen von den obengenannten Elementen zu trennen.

Da sich bei der Bestimmung von Kupfer, Blei und Zink in Kupferschieferproben das Ionenaustauschverfahren (UNGETHÜM 1956) gut bewährt hat und auf diese Weise ohne große Mühe Serien von 20 Proben und mehr gleichzeitig analysiert werden können, wurde versucht, auch das Problem der Zirkoniumtrennung mit Ionenaustauschern zu lösen[1]).

II. Allgemeines

Wie bereits dargelegt, waren im wesentlichen die Elemente Fe^{3+}, Al^{3+}, Ti^{4+} und SE^{3+} vom Zirkonium zu trennen. Dies ist auf verschiedenen Wegen möglich:

[1]) Herrn G. MUSZINSKI dankt Verf. für die Durchführung von Versuchen.

1. Überführung der in saurer Lösung als Kationen vorliegenden Elemente in neutrale und negativ geladene Komplexe mit Hilfe von Komplexbildnern und nachfolgende

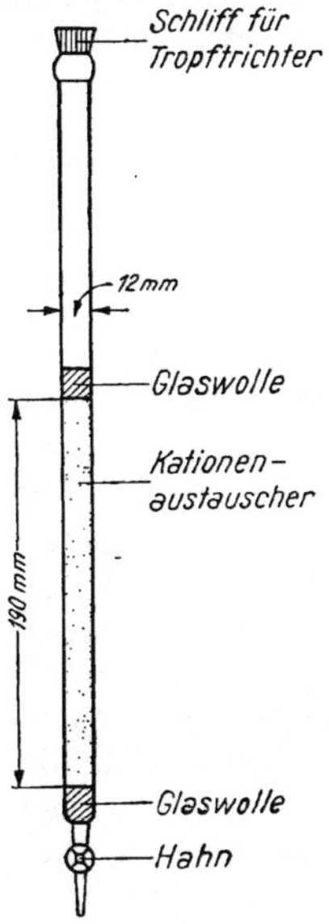

Abb. 1. Trennsäule

Trennung am Anionenaustauscher. FREUND & MINER (1952) haben nach diesem Prinzip Aluminium von Zirkonium an Dowex-1 mit 0,06 n HCl und 0,8 n HF Eluant getrennt. Da der Gebrauch von HF besondere Anforderungen an die Apparatur stellt (es darf z. B. kein Glas verwendet werden), schied dieses Verfahren aus. Organische Komplexbildner, wie sie in diesem Zusammenhang auch verwendet wurden, sollten nach Möglichkeit vermieden werden, weil diese in vielen Fällen die weitere Analyse erschweren.

2. Adsorption der Elemente am Kationenaustauscher und Trennung durch selektive Elution

a) mit Hilfe von Komplexbildnern,

b) mit Hilfe von Reagenzien, die keine Komplexe bilden.

Mit Hilfe von Komplexbildnern versuchten BROWN & RIEMAN schon 1952, Titan und Zirkonium an Dowex-50 mit 1%iger Zitratlösung von p_H 1,75 als Eluant zu trennen. Die zur Trennung benötigten sehr großen Volumina Eluant und die Anwesenheit der Zitronensäure im Eluant sind jedoch als nachteilig anzusehen.

BELJAWSKAJA & CHMOTOWA entwickelten 1958 ein Verfahren, nach dem Cr^{3+} und Al^{3+} mit Salzsäure als Eluant von Zr^{4+} getrennt wurde. Sie verwendeten hierzu den sowjetischen Kationenaustauscher KU-2, an dem Al^{3+} aus 1 n HCl nicht adsorbiert wird. Ähnliche Beobachtungen machten USATENKO & GUREJEWA (1956) an weiteren fünf verschiedenen Kationenaustauschern.

Die zuletzt erwähnten Untersuchungen lassen erkennen, daß das Zr^{4+} aus salzsaurer Lösung vom Kationenaustauscher wesentlich besser aufgenommen wird als das Al^{3+}. Dieses Ergebnis entspricht der allgemeinen Regel, nach der in nicht zu konzentrierten Lösungen die Bindung, die ein Kation mit dem Kationenaustauscher

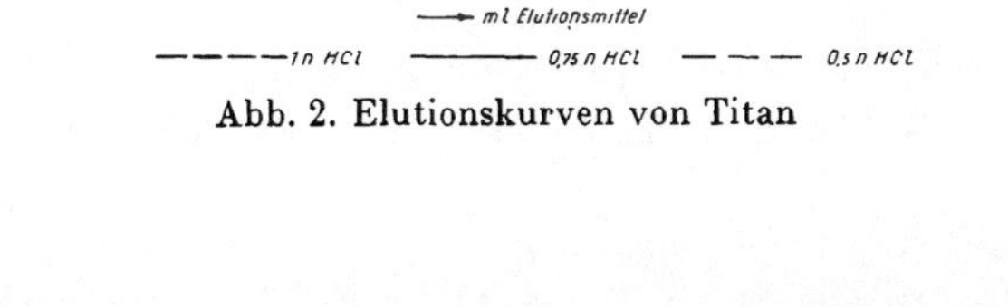

Abb. 2. Elutionskurven von Titan

eingeht, um so fester ist, je höher die Ladung des eingetauschten Kations ist. Danach wäre auch zu erwarten, daß Fe^{3+} und SE^{3+} aus salzsaurem Medium weniger stark vom Kationenaustauscher aufgenommen werden als Zr^{4+}, während sich das Ti^{4+} als ebenfalls vierwertiges Element ähnlich dem Zr^{4+} verhalten sollte. Mit der Trennung von Titan und Zirkonium mit Hilfe von sowjetischen Anionen- und Kationenaustauschern beschäftigten sich BELJAWSKAJA, ALIMARIN & KOLOSOWA (1958). Um festzustellen, inwieweit diese Überlegungen zutreffen, wurden die im folgenden beschriebenen experimentellen Untersuchungen durchgeführt.

III. Experimentelles

Für die Versuche wurden die in Abb. 1 gezeigte Glassäule als Trennsäule und der Kationenaustauscher KPS 200, ein sulfoniertes Polystyrolharz des VEB Farbenfabrik Wolfen (Bitterfeld), verwendet (Korngröße: 0,1—0,3 mm; Länge der Harzsäule: 190 mm; Durchmesser der Harzsäule: 12 mm; Tropfgeschwindigkeit: etwa 2,5 ml/min).

Zur Anfertigung der Elutionskurven (s. Abb. 2—6) wurden schwach salzsaure Lösungen der Elemente aufgegeben und nach dem Eindringen der Lösungen in das Harz mit destilliertem Wasser etwas nachgewaschen, um die durch den Austausch freiwer-

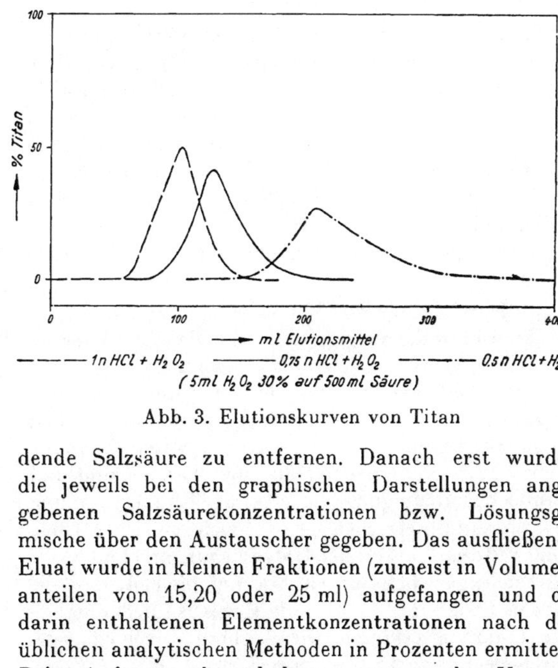

Abb. 3. Elutionskurven von Titan

dende Salzsäure zu entfernen. Danach erst wurden die jeweils bei den graphischen Darstellungen angegebenen Salzsäurekonzentrationen bzw. Lösungsgemische über den Austauscher gegeben. Das ausfließende Eluat wurde in kleinen Fraktionen (zumeist in Volumenanteilen von 15,20 oder 25 ml) aufgefangen und die darin enthaltenen Elementkonzentrationen nach den üblichen analytischen Methoden in Prozenten ermittelt. Beim Auftragen der erhaltenen prozentualen Konzentrationen gegen die jeweils bis dahin ausgeflossenen Eluatvolumina erhält man die in Abb. 2—6 abgebildeten Kurven. Die jeweils auf den Austauscher aufgegebene Gesamtmenge an Metall betrug bei: Eisen: 56,1 mg; Aluminium: 54,0 mg; Titan: 45,0 mg; Zirkonium: 55,9 mg Seltenen Erden als Oxyde: 85,4 mg.

Zunächst wurde das Verhalten des Titans am Kationenaustauscher in salzsaurer Lösung untersucht. In Abb. 2 sind die Ergebnisse graphisch dargestellt.

Die Kurven zeigen sehr deutlich den Einfluß der Säurekonzentration auf die Verdrängung des Titans vom Kationenaustauscher. Wider Erwarten läßt sich danach Titan schon mit 1 n HCl relativ gut vom Austauscher entfernen. Der Einfluß der Ladung scheint hier nicht die dominierende Rolle wie bei dem Zirkonium zu spielen. Entsprechende Versuche, Zirkonium mit 1 n HCl vom Austauscher zu lösen, verliefen bis zu einem Volumen von 700 ml negativ.

Es wurde vermutet, daß durch die Überführung des Titans mit Wasserstoffperoxyd in die Titanperoxydform der Ladungseinfluß auf den Ionenaustausch herabgesetzt wird. Es ist anzunehmen, daß durch die veränderte räumliche Anordnung des Radikals die beim Austausch wirkenden COULOMBschen Kräfte geschwächt werden. In der Tat läßt Abb. 3 erkennen, daß die Bindung des Titans am Austauscher bei gleicher Säurekonzentration wie in Abb. 2, aber unter Zugabe von Wasserstoffperoxyd, weniger stark ist (die Kurven sind in Abb. 3 nach links verschoben, d. h., das Element erscheint früher im Durchlauf). Ganz besonders deutlich wird das bei der geringsten Säurekonzentration (0,50 n), bei der die Konkurrenz der H^+-Ionen mit den Titan-Ionen um die Plätze im Austauscher nicht so stark ist. Diese Beobachtung wurde jedoch bei der Trennung (s. unten) nicht ausgewertet, da mit höheren Salzsäurekonzentrationen gearbeitet wird, bei denen dieser Effekt keinen größeren Nutzen versprach. Zum anderen macht sich auch die als Folge des sich zersetzenden Wasserstoffperoxyds im Austauscher stattfindende Sauerstoffentwicklung unangenehm bemerkbar.

Wie schon früher festgestellt, läßt sich Zirkonium mit 700 ml 1 n HCl nicht vom Austauscher ablösen. Eine Prüfung mit 500 ml 2 n HCl zeigte, daß auch damit noch kein Zirkonium in den Durchlauf gelangt. Nun war zu überprüfen, wie sich Fe^{3+}, Al^{3+} und die Seltenen Erden unter Einwirkung von 2 n HCl im Austauscher verhalten. Titan konnte ja schon mit 200 ml 1 n HCl abgelöst werden und müßte mit 2 n HCl noch besser zu eluieren sein. Das Ergebnis dieser Versuche ist auf Abb. 4 dargestellt.

Nach Durchgeben von 150 ml 2 n HCl durch den Austauscher waren die aufgegebenen Mengen der Elemente Fe^{3+}, Al^{3+} und Ti^{4+} vollständig abgelöst. Es zeigte sich aber auch, daß eine Trennung des Zirkoniums von den Seltenen Erden unter diesen Bedingungen nicht möglich ist. Da die Seltenen Erden in den zu untersuchenden Proben nur in sehr geringen Mengen vorhanden sind und sie unter den Bedingungen, die bei der Endbestimmung des Zirkoniums herrschen werden, nicht stören, wurden sie im weiteren Verlauf der Untersuchungen nicht mehr berücksichtigt. Nicht unerwähnt soll bleiben, daß die Seltenen Erden mit 2 n HCl als Elutionsmittel eine gewisse Trennung erfahren, wie an ihren verschieden gefärbten geglühten Oxyden zu erkennen ist (s. Abb. 4). Abb. 4 zeigt noch das unter sich ähnliche Verhalten von Fe^{3+} und Ti^{4+} sowie die etwas festere Bindung des Al^{3+}, wodurch eine gewisse Trennwirkung zu verzeichnen ist. Diese Erscheinung wurde in einem weiteren Versuch noch etwas näher erforscht, da eine Trennung des Fe^{3+} und Ti^{4+} von Al^{3+} für die Silikatanalyse von Bedeutung sein konnte.

Davon ausgehend, daß Fe^{3+} mit dem Thiocyanat-Ion SCN^- negativ geladene Komplexe bildet, wurde das Verhalten von Fe^{3+}, Ti^{4+} und Al^{3+} im Austauscher bei Anwendung einer Mischung von 0,2 n HCl + 0,5 n NH_4SCN geprüft. Unter den gewählten Bedingungen ist eine Trennung des Fe^{3+} und Ti^{4+} vom Al^{3+} möglich (s. Abb. 5). Gleichzeitig tritt auch schon eine weitgehende Trennung des Ti^{4+} von Fe^{3+} auf. Die vollständige Untersuchung dieses Problems geht jedoch über das Ziel dieser Arbeit hinaus und soll deshalb später fortgesetzt werden.

In Abb. 6 wird die Eluierung des Zr^{4+} mit HCl 1:1 gezeigt. Diese Säurekonzentration löst Zr^{4+} mit 200 ml vollständig ab.

IV. Ausarbeitung der Methode und ihre Anwendung auf synthetische Mischungen

Um auch größere Metallmengen absorbieren zu können, wurde die Trennsäule etwas vergrößert. Dabei änderten sich die Maße der Harzsäule wie folgt: Länge der Glassäule: 550 mm, Höhe der Harzsäule: 300 mm, Durchmesser der Harzsäule: 14 mm. Mit dieser Säule wurden alle weiteren Untersuchungen durchgeführt.

Entsprechend den experimentellen Versuchen in Abschnitt III wurde folgende Methode festgelegt: Die Entfernung des Eisens und Titans erfolgte mit 300 ml 2 n HCl, während für Aluminium 350—400 ml durchzugeben waren. Das Zirkonium wurde mit 250 ml 3 n H_2SO_4 eluiert. Die Eisen-, Titan- und Aluminiumbestimmungen erfolgten titrimetrisch bzw. gravimetrisch. Die großen Zirkoniummengen wurden mit Diammoniumphosphat gefällt und als Pyrophosphat gewogen, während die kleinen Mengen nach Abtrennung von der H_2SO_4 kolorimetrisch mit Alizarin-S als Reagenz bestimmt wurden. Die erhaltenen Werte sind in Tab. 1 zusammengestellt.

Tab. 1. Ergebnisse der quantitativen Trennung von synthetischen Mischungen

gegeben in mg				gefunden in mg			
ZrO_2	TiO_2	Al_2O_3	Fe_2O_3	ZrO_2	TiO_2	Al_2O_3	Fe_2O_3
117,0	—	—	75,8	116,9	—	—	75,6
58,5	150,6	—	—	58,7	150,9	—	—
7,8	—	373,0	—	7,5	—	372,5	—
1,95	—	186,4	—	1,95	—	185,9	—
0,78	—	—	151,7	0,73	—	—	151,5

V. Anwendung der Methode auf natürliche Rohstoffe wie Seifen-, Schwermineralkonzentrat-, Ton- und Zirkoniumkonzentratproben

Arbeitsvorschrift:

0,5—1,0 g Einwaage des feingepulverten Materials wird im Platintiegel mit einer Soda-Pottasche-Borax-Mischung (336 g Soda-Pottasche und 231 g Borax) geschmolzen. Bei Anwesenheit von Phosphaten, die in Zirkonkonzentraten fast immer in Form von Monazit vorhanden sind, wird die Schmelze in einem 400er Becherglas auf dem siedenden Wasserbad mit Wasser ausgelaugt, vom Ungelösten abfiltriert und der auf dem Filter befindliche Rückstand so lange mit 1%iger Sodalösung gewaschen, bis im Filtrat keine Phosphat-Ionen mehr nach-

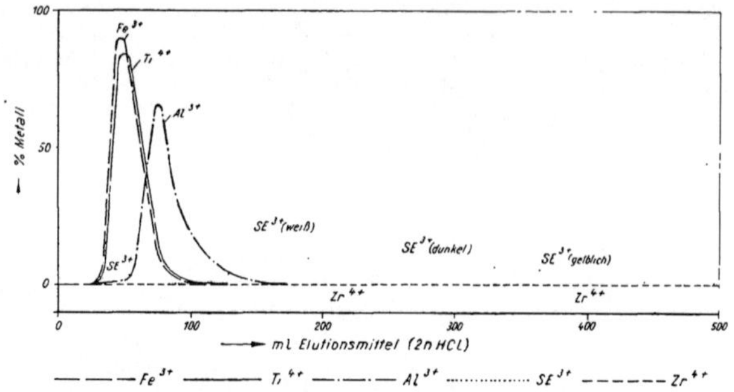

Abb. 4. Elutionskurven von Fe^{3+}, Ti^{4+}, Al^{3+}, SE^{3+}, Zr^{4+}

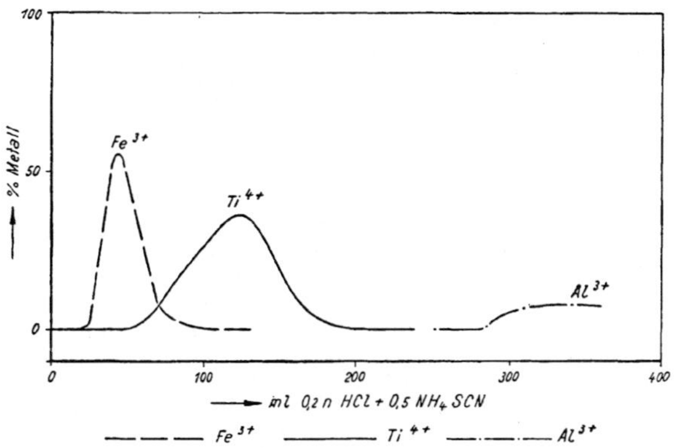

Abb. 5. Elutionskurven von Fe^{3+}, Ti^{4+}, Al^{3+}

weisbar sind. Das Filter wird dann mit dem Rückstand in dem zum Aufschluß verwendeten Tiegel getrocknet und verascht.

Ist in den zu untersuchenden Proben kein Phosphat zu erwarten, so schließt man die Probe zuerst mit Flußsäure-Schwefelsäure im Platintiegel oder noch besser in der Platinschale auf der Heizplatte auf. Dabei wird ein großer Teil des freien und gebundenen Siliziums als Siliziumtetrafluorid entfernt. Das Säuregemisch greift jedoch das Mineral Zirkon nur sehr wenig an, so daß dieser Aufschluß nur bei Schwermineralkonzentrat-, Seifen- und Tonproben zu empfehlen ist, nicht aber bei Zirkonkonzentratproben, die im wesentlichen nur aus dem Mineral Zirkon bestehen. Nach dem Abrauchen der Flußsäure und Abkühlen der schwefelsauren Lösung wird vorsichtig mit kaltem Wasser verdünnt. Durch Zugabe von einigen ml Salzsäure 1 : 1 und durch Erwärmen entsteht eine klare Lösung, die mit dem noch geringfügig vorhandenen Ungelösten mit destilliertem Wasser quantitativ in ein 250-ml-Becherglas überführt wird. Man versetzt diese Lösung mit Ammoniumhydroxyd, bis eben ein kräftiger Geruch wahrnehmbar ist,

Tab. 2.

Bestimmungsart	Mandelsäure-methode	Phosphatmethode nach Ionenaustausch
Probe	% ZrO_2	% ZrO_2
Zirkonkonzentrat	55,75	55,64[1])
Schwermineralsand	1,28[2])	1,27[3])
Ton	0,015[4])	0,014[4])

Alle Werte sind das Mittel aus drei Bestimmungen.

[1]) Einwaage 0,3 g.
[2]) Probe enthält über 30% Fe_2O_3 und über 15% TiO_2. Das mit Mandelsäure gefällte ZrO_2 mußte deshalb noch ein zweites Mal mit Mandelsäure gefällt werden, um ein rein weißes ZrO_2 zu erhalten.
[3]) Mittel aus zehn Bestimmungen.
[4]) Bestimmung erfolgte kolorimetrisch mit Alizarin-S.

Tab. 3. Berechnung der Standardabweichung
(Die Schwermineralsandprobe aus Tab. 2 enthielt 1,28% ZrO_2; das sind bei 1 g Einwaage 12,8 mg ZrO_2)

ZrO_2 gefunden	Abweichung		ZrO_2 gefunden	Abweichung	
mg	mg	%	mg	mg	%
12,7	− 0,1	− 0,78	12,8	0	0
12,8	0	0	12,6	− 0,2	− 1,56
12,6	− 0,2	− 0,56	12,7	− 0,1	− 0,78
13,0	+ 0,2	+ 1,56	12,5	− 0,3	− 2,34
12,5	− 0,3	− 2,34	12,8	0	0

gibt etwas verdünntes Wasserstoffperoxyd zur Oxydation von Eisen (II) zu und filtriert nach kurzem Sieden ab. Dabei ist darauf zu achten, daß auch die ungelöst gebliebenen sandigen Anteile quantitativ übergespült werden. Nach dem Waschen des Niederschlages mit heißem Wasser wird auch dieser im Platintiegel getrocknet und verascht.

Der verbleibende Rückstand vom ersten Soda-Pottasche-Borax- bzw. Säureaufschluß wird dann nochmals mit der Soda-Pottasche-Borax-Mischung geschmolzen und in Salzsäure 1 : 1 gelöst. Ohne Rücksicht auf die als Suspension vorhandene unlösliche Kieselsäure werden die Metalle mit Ammoniumhydroxyd in geringem Überschuß gefällt, kurz zum Sieden erhitzt und nach dem Absetzen filtriert und mit heißem Wasser gewaschen. Der Niederschlag mit Filter wird in das Fällungsgefäß zurückgegeben und mit 30 ml Salzsäure 1 : 2 in der Wärme gelöst. Von dem noch nicht völlig zerfaserten Filter mit Rückstand wird abfiltriert, mit heißem Wasser gewaschen und das Filter im Platintiegel verascht. Der in der Hauptsache aus Kieselsäure bestehende Rest im Tiegel wird mit Flußsäure und einigen Tropfen konz. Schwefelsäure versetzt und abgeraucht. Die noch verbleibende geringe Menge Schwefelsäure wird mit Wasser in die salzsaure Lösung der Hydroxyde übergespült, und dann wird das Ganze mit Wasser auf ein Volumen von 300—350 ml verdünnt. Jetzt gibt man die Lösung — wie in Abschnitt V angegeben — durch die neutral gewaschene, in der H^+-Ionenform vorliegende Kationen-

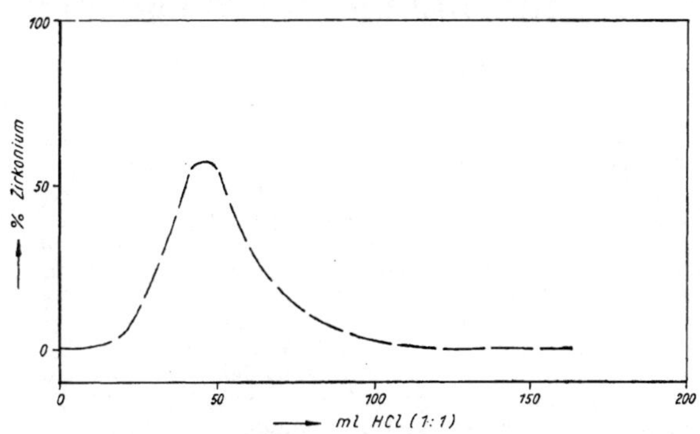

Abb. 6. Elutionskurve von Zirkonium

austauschsäule. Das Fe, Ti und Al wird mit 300—350 ml 2 n Salzsäure eluiert. Ist mehr als 3 mg Zirkonium zu erwarten, so eluiert man mit 250 ml 3 n Schwefelsäure, fällt aus dem Eluat das Zirkonium mit 25 ml 10%iger Diammoniumphosphatlösung und erwärmt noch ½—1 Stunde auf dem siedenden Wasserbad, wobei sich der Niederschlag zusammenballt. Nach dem Abfiltrieren durch ein Filter mittlerer Dichte und 4—5maligem Waschen mit einer 5%igen Ammoniumnitratlösung wird in einem gewogenen Tiegel verascht und bei 1200° C eine Stunde lang geglüht. Man erhält so ein rein weißes Zirkoniumpyrophosphat, dessen Menge durch Wägen zu ermitteln ist. Die Auswaage mit 0,4645 multipliziert gibt die Menge des Zirkoniumdioxyds an.

Sind die zu erwartenden Zirkoniummengen kleiner als 3 mg, so erfolgt die Endbestimmung am besten kolorimetrisch. Da die kolorimetrische Zirkoniumbestimmung infolge der großen Neigung des Zirkoniums, polymere Teilchen zu bilden, ziemlich störanfällig ist, soll über diese Bestimmung an anderer Stelle berichtet werden.

Es sei aber noch einmal hervorgehoben, daß die Abtrennung des Zirkoniums mit Hilfe des Kationenaustauschs gerade auch für kleine Mengen Zirkonium sehr gut geeignet ist.

Über die Anwendung dieser Methode auf natürliche Rohstoffe und ihre Genauigkeit geben die Tab. 2 und 3 Auskunft.

Danach ergibt sich für die Schwermineralsandprobe die nachstehende Standardabweichung:

$$\text{Standardabweichung} = \sqrt{\frac{\Sigma\ (\%\ \text{Abweichung})^2}{n-1}} = 1{,}47\%$$

Zusammenfassung

Das Verhalten der Elemente Zirkonium, Titan, Eisen, Aluminium und der Seltenen Erden als Gruppe in salzsaurer Lösung am Kationenaustauscher KPS 200 wurde untersucht. Ein auf den dabei gewonnenen Erkenntnissen aufbauendes neu entwickeltes Verfahren ermöglicht, Zirkonium in allen Konzentrationen von Eisen, Aluminium und Titan zu trennen. Eine Arbeitsvorschrift zur Bestimmung des Zirkoniums in natürlichen Rohstoffen wird mitgeteilt.

Резюме

Было исследовано поведение циркония, титана, железа, алюминия и редких земель в солянокислом растворе на катионном обменителе КПС 200. Новый способ, построенный на познаниях, полученных при изучении поведения названных элементов, позволяет отделить цирконий во всех концентрациях от железа, алюминия и титана. Сообщается процедура для определения циркония в природных продуктах.

Summary

The behaviour of zirconium, titanium, iron, aluminium and the rare earth elements in hydrochloric solution towards the KPS 200 cation exchanger was investigated. A newly developed method based on knowledge obtained during the investigation enables the separation of zirconium in all its concentrations from iron, aluminium and titanium. Information is given of a working instruction for determining zirconium in natural raw materials.

Literatur

BELJAWSKAJA, T. A., I. P. ALIMARIN & I. F. KOLOSOWA: Die Abtrennung des Titans von Begleitelementen nach der Methode der Ionenaustauschchromatographie. — Z. anal. Chim., **13**, S. 668 (1958).

BELJAWSKAJA, T. A. & M. K. CHMOTOWA: Nautsch. Doklady Wyschei Schkoly Chim. i Chim Technol., Nr. 2, S. 305, 1958.

BROWN, W. E. & W. RIEMAN: The Seperation of Titanium, Zirconium and Thorium by Ion Exchance. — J. Amer. chem. Soc., **74**, S. 1278 (1952).

FREUND, H. F. & F. I. MINER: Determination of Zirconium Utilizing Ion Exchance Seperation. — Anal. Chem., **24**, S. 1229 (1952); Anal. Chem., **25**, S. 564 (1953).

UNGETHÜM, H.: Über die Ionenaustauscher, ein neueres Hilfsmittel in der analytischen Chemie. — Z. angew. Geol., **2**, S. 264 (1956).

USATENKO, J. I. & I. L. GUREJEWA: Über die Trennung von Aluminium und Zirkonium aus sauren Lösungen durch Ionenaustausch. — Zavodskaja Laborat., **22**, S. 781—783 (1956).

Aufgaben des Markscheidewesens bei der Erdöl- und Erdgasgewinnung und Wege zu ihrer Lösung[1)]

E. F. FROLOW, Moskau

Die Bedeutung des Markscheidewesens für Erdöl- und Erdgasbetriebe ist während der raschen Entwicklung dieses Industriezweiges in den vergangenen Jahren nicht in vollem Umfang beachtet worden. Eine zielstrebige technisch-wissenschaftliche Arbeit bei der Erkundung und Gewinnung von Erdöl und Erdgas erfordert jedoch einen gut organisierten Markscheiderdienst, dessen Aufgabenbereich im Betriebe von E. F. FROLOW im nachfolgenden Aufsatz geschildert wird. Seine Hinweise sind nicht nur für unsere auf dem Gebiet Erdöl und Erdgas arbeitenden Kollegen, Geophysiker, Techniker und Markscheider, sondern auch für den Gesamtbereich der geologischen Erkundung beachtenswert. Dabei müssen jedoch die unterschiedlichen Bedingungen in der Sowjetunion und in der Deutschen Demokratischen Republik sowie die Tatsache, daß der Verfasser mit seinem Aufsatz erst die Grundlage für eine Diskussion liefert, berücksichtigt werden. (Die Red.)

In den Betrieben der Erdöl/Erdgasindustrie gibt es verschiedene Abteilungen (geodätischer, geophysikalischer, geologischer und bohr- und fördertechnischer Arbeitszweig), die voneinander getrennt sind. Infolge dieser scharfen Trennung werden die Erkundungs- und Aufschließungsarbeiten von Erdöl und Erdgas nicht genügend koordiniert. In den Erdöl- und Erdgasbohrbetrieben bestehen jedoch gegenwärtig keine Markscheidereien, obwohl sie genau wie in jedem anderen Bergbauzweig erforderlich sind.

Das Fehlen von Markscheidereien in den Erdöl- und Erdgasbohrbetrieben erklärt sich durch folgende Tatsachen: a) Auf Grund der besonderen Eigenschaften des Erdöls und Erdgases als bewegliche Bodenschätze unterscheiden sich die Methoden der Erkundung und Ausbeutung von denen der Aufschließung fester nutzbarer Bodenschätze. b) Infolge der spezifischen Arbeitsmerkmale besteht eine gewisse Isolierung der Erdölarbeiter von den anderen Bergarbeitern.

Ungefähr bis zum Jahre 1930 gab es in der Erdöl/Erdgasindustrie Markscheidereien. Wegen falscher Organisation beschränkte sich jedoch ihre Arbeit auf die Ausführung von topographisch-geodätischen Arbeiten. Deshalb wurden ihre Funktionen den topographisch-geodätischen Trupps übergeben. Das Fehlen von Markscheidereien in der Erdöl- und Erdgasindustrie bedeutet aber nicht, daß hier keine markscheiderischen Arbeiten anfallen. Bei der Schürfung, Erkundung und Aufschließung der Erdöl- und Erdgaslagerstätten haben sie sogar einen großen Umfang. Während der geologischen Kartierung müssen z. B. Lage und Höhe der geologischen Aufschlußpunkte nach Karten und Ergebnissen der topographischen Aufnahmen bestimmt werden. Bei der Erkundung und Ausbeutung der Erdöllagerstätten sind Lage und Höhe der Bohrlochansatzpunkte sowie die Lage der Abbaustellen zu bestimmen und Messungen in den Sonden zur Feststellung ihrer räumlichen Lage und der einzelnen Punkte des geologischen Profils der Sonden durchzuführen. Für gerichtete Sonden sind die Projektprofile zu berechnen und beim Bohren solcher Sonden zu kontrollieren. Weiterhin müssen die Genauigkeit der betrieblichen Messungen in den Sonden (Flüssigkeitsspiegel, Schichtendruck und dgl.) ausgewertet, Sätze von Sonderrissen (geologische Profile, Struktur-, Mächtigkeits-, Porositäts- und dgl. Karten), die die Form, die Eigenschaften und die in den Lagerstätten vor sich gehenden Prozesse widerspiegeln, ausgearbei-

[1)] Aus: Trudy wsesojusnowo nautschno-technitscheskowo sowescaniga po marksejdewskomu delu. — Ugletechisdat, Moskau 1958, S. 84—87. Übers.: SCHICKE; fachlich überarbeitet: NESTLER

tet werden. Ihre Genauigkeit ist zu bewerten. Ferner sind Theorie und Technik der Vorratsberechnung anzuwenden, die Aussagekraft der bei der Vorratsberechnung benutzten Parameter zu bestimmen, Vorratsmengen und deren mittlerer Fehler sowie die bei der Ausbeutung der Erdöl- und Erdgaslagerstätten auftretenden Verluste im Erdinnern zu berechnen.

Diese Markscheiderarbeiten werden nun in der Erdöl- und Erdgasindustrie teilweise von verschiedenen Abteilungen ausgeführt, doch ohne die Theorie, die praktischen Erfahrungen und die Arbeitsmethoden, die an den Lehrstühlen für Markscheidewesen und Gebirgsgeometrie ausgearbeitet wurden, zu beachten. Die Folge dieser Entwicklung ist eine Senkung der Qualität der geologischen Dokumentation. Risse und Karten des Lagerstättenarchivs werden z. B. ohne genügende Auswertung von Isolinienkarten zusammengestellt. Im anderen Falle erfolgt keine genaue Begründung für das Anwenden dieser Methode. Die Vorratsberechnung der Erdöllagerstätten wird ohne Bewertung der Genauigkeit des Berechnungsergebnisses durchgeführt, und eine Berücksichtigung der Verluste und der Verlagerung der Vorräte im Erdinnern gänzlich unterlassen, wodurch in der Planung und im Bau von Industrieobjekten und Förderanlagen Fehler entstehen. Im Verlauf des Bohrprozesses überwacht und bestimmt man oft nicht die tatsächliche Abweichung der Lage der Sondensohle von der projektierten Lage. Auf diese Weise wird das projektierte Aufschlußnetz gestört, was zu Verlusten von Erdöl im Erdinnern, zu zusätzlichen Aufwendungen für das Niederbringen neuer Sonden und zur Steigerung der Kosten führt. Die Realisierung der Sondenprojekte erfolgt oft mit einer unbegründeten Genauigkeit, so daß in einzelnen Fällen ungerechtfertigt hohe Kosten verursacht werden. Die Methodik der Durchführung der Bohrlochabweichungsmessungen in den Sonden gewährleistet nicht die erforderliche Wirksamkeit der Meßergebnisse. Außerdem werden diese Messungen bei der Zusammenstellung der geologischen Dokumentation nicht benutzt, und damit wird deren Wert wesentlich herabgesetzt. Gute Aussichten für die Einführung der Methoden der Markscheiderei und der Gebirgsgeometrie in den Erdölbergbau ergaben sich durch die im Jahre 1953 erfolgte Einrichtung einer Abteilung Markscheiderei im Allunionswissenschaftlichen Erdölforschungsinstitut. In dieser Abteilung wurden folgende Arbeiten durchgeführt: Ausarbeitung des Rechnungsganges für die Fehleruntersuchung bei der Bestimmung der Größen, die die räumliche Lage der Sonden nach den Werten der Bohrlochabweichungsmessungen bestimmen; Prüfung der Anwendungsmöglichkeit der „Neigungs"-Karten für die Darstellung der tektonischen Störungen auf den produzierenden Feldern; Ermittlung des Fehlereinflusses der markscheiderischen Messungen auf die Genauigkeit des Aufbaus der Strukturkarten; Feststellung der Möglichkeit der mathematischen Behandlung topographischer Flächen (Karten mit Isolinien) zur Charakterisierung der Strömung in heterogenen Medien; Ausarbeitung eines Instruktionsentwurfs zur Durchführung von markscheiderischen Arbeiten in der Erdöl/Erdgasindustrie.

Die Mitarbeiter dieser Abteilung gelangten zu dem Ergebnis, daß in der Erdöl/Erdgasindustrie auf dem Gebiet der Markscheiderei folgende Aufgaben vordringlich gelöst werden müssen:

a) Ausarbeitung einer Methodik der markscheiderischen Messungen und ihre Anwendung beim gerichteten Bohren von tiefen Sonden;

b) Ausarbeitung einer Methodik der Fehleruntersuchung bei graphischen Bestimmungen nach verschiedenen Isolinien-Karten unter Berücksichtigung der Meßgenauigkeit und des Erkundungsgrades;

c) mathematische Überprüfung von Karten mit Isolinien für die praktische Lösung von Erkundungsaufgaben, der Vorratsberechnung und der Nutzung;

d) Einführung von Vorratsberechnungen, Genauigkeitsuntersuchungen und Feststellung ihrer Aussagekraft;

e) Ausarbeitung einer Methode zur Bestimmung der Erdölverluste in den Lagerstätten für verschiedene Verhältnisse und Fördermethoden;

f) Ausarbeitung einer Methode der Erkundung von Lagerstätten auf Grund des Studiums der Eigenschaften der Lagerstätten durch markscheiderische Verfahren.

Zur Lösung dieser Aufgaben ist es erforderlich, wissenschaftliche Forschungs- und betriebliche Versuchsarbeiten durchzuführen. Die Berücksichtigung der markscheiderischen Arbeitserfahrungen bei der Ausführung vieler geophysikalischer und geologischer Erkundungsarbeiten zum Erbohren und Fördern von Erdöl ist möglich, wenn die Mitarbeiter dieser Arbeitszweige über das erforderliche Minimum an markscheiderischen Kenntnissen verfügen. Diese Kenntnisse können auf folgende Weise erworben werden:

a) Selbststudium der entsprechenden markscheiderischen Zeitschriften und Buchliteratur (diese Methode ist sehr langwierig und wenig wirksam).

b) Einbeziehung sämtlicher Fortbildungslehrgänge in die Lehrpläne und Erhöhung der Qualifikation des ingenieurtechnischen Personals, z. B. der Erdöltechniker, Geologen, Geophysiker; Einführung der speziellen Disziplin „Grundlagen des Markscheidewesens im Erdölbergbau", wobei als Lehrmittel die herausgegebene Spezialliteratur des Markscheidewesens zu benutzen ist.

c) Einführung der Vorlesung „Grundlagen des Markscheidewesens" in dem für die Bergbauberufe (Geologen, Geophysiker, Tiefbohrtechniker) erforderlichen Umfang in die Lehrpläne der Hochschulen für das Erdölwesen.

Die dargelegten Maßnahmen erfordern die Schaffung spezieller Lehrmittel. Bei der Anwendung der Erkenntnisse und der Arbeitsweise des Markscheidewesens bei den Erdöl- und Erdgasförderarbeiten muß außer den angeführten Maßnahmen ein spezieller Markscheiderdienst mit Funktionen, analog denen des Markscheiderdienstes in den übrigen Bergbaubetrieben geschaffen werden. Der Markscheiderdienst in der Erdöl- und Erdgasindustrie muß ein Bestandteil des betrieblichen Geologischen Dienstes sein, zu dessen Personal die Markscheider gehören. Die Ausbildung der Erdöl-Markscheider an den Hochschulen für das Erdölwesen ist so zu organisieren, daß die Studenten dieser Fachrichtung nach den Lehrplänen der angewandten Geologie, ergänzt durch die Disziplinen des Markscheidewesens, ausgebildet werden. Die ersten Erdöl-Markscheider könnten durch Unterrichten der Studenten der vierten und fünften Semester in der Fachrichtung Angewandte Geologie der Institute für das Erdölwesen nach dem in der obenerörterten Weise ergänzten Lehrplan ausgebildet werden.

Erdölgeologie

(Bericht über die Vorträge der Sektion 11 zum XXI. Internationalen Geologenkongreß in Kopenhagen 1960)

RUDOLF MEINHOLD, Freiberg (Sa.)

Die Sektion 11 befaßte sich vor allem mit regionalen, aber auch mit strukturellen Problemen der Erdölgeologie. Insbesondere wurde über den geologischen Bau und die mögliche Erdöl- und Erdgasführung einiger bisher wenig bekannter und erkundeter Gebiete berichtet, und zwar über Alaska, die Sibirische Tafel und die Mittelasiatische (Karakum-) Tafel. Es wurden aber auch neue Ergebnisse aus dem Randbecken des Kaukasus und dem Untergrund des Flachlandgebiets der DDR behandelt[1]).

Die übrigen Vorträge beschäftigten sich mit grundsätzlichen Fragen der Erdölakkumulation und Lagerstättenbildung. So setzte sich der Vortrag von FANSHAWE damit auseinander, ob im Sedimentationsbecken von Wyoming ein hydrodynamischer Gradient vorhanden ist, wie das wahrscheinlich die geneigten Öl-Wasser-Kontakte anzeigen. Das Problem der hydrodynamischen Gradienten ist viel diskutiert worden, weil es von beträchtlicher Bedeutung für die Erdölerkundung ist. Kennt man die Richtung des Gradienten, dann ist die weitere Erkundung, besonders lithologischer Fallen, sehr erleichtert. Die Untersuchung ergab, daß es sich, abgesehen von einem Fall, wo die Neigung auf Permeabilitätsänderungen beruht, um „eingefrorene" geneigte Kontakte handelt, die durch einen früheren Gradienten entstanden sind und durch Zementierung des Gesteins festgehalten wurden. Jetzt ist ein hydrodynamischer Gradient nicht mehr vorhanden, und die Erkundung muß die günstigen Interferenzen des früheren hydrodynamischen Gradienten mit den heutigen Strukturen suchen. Der Beitrag von ELLIOT über die Öl- und Gasvorkommen in Nordtexas behandelte ein gut abgebohrtes Becken, das bisher etwa 300 Mill. t Erdöl geliefert hat, also durchaus sichere Vorstellungen über die Akkumulation von Erdöl geben kann. Die großen Felder sind mit der großen zentralen Aufwölbung, der Bend Arch, sowie den randlichen Electra Arch und Muenster Arch verbunden. Das Becken besitzt die übliche asymmetrische Form und hat bis 5000 m paläozoische Sedimente aufgenommen, wobei das Pennsylvan die größte Mächtigkeit, den raschesten Fazieswechsel und die größte Produktion zeigt. Viele Fallen gehören zum stratigraphisch-lithologischen Typ.

Aus zeitlichen Gründen konnten viele Probleme nicht diskutiert werden. Abgesehen von den auf dem Erdölkongreß behandelten Beispielen, ist jede monographische Darstellung eines Sedimentationsbeckens äußerst wichtig. Die Zahl der wirklich genügend abgebohrten Becken ist noch sehr klein und hauptsächlich nur aus den USA bekannt. Diese Beispiele leisten aber unschätzbare Hilfe, um die tatsächlichen Gesetzmäßigkeiten der Erdölakkumulation zu erkennen.

Der Vortrag von THOMPSON beschäftigte sich mit der Erdölhöffigkeit Alaskas, einem Land, das größer als Skandinavien einschließlich Finnlands ist, aber nur 250000 Einwohner zählt. Auf dem Riesengebiet konnten bisher 106 Bohrungen niedergebracht werden, davon waren die meisten flache Schürfbohrungen von nur wenigen 100 m Teufe. Damit wurden immerhin im Norden drei Ölfelder sowie zwei Gasfelder und im Süden zwei Ölfelder entdeckt. Drei Gaslagerstätten sind darüber hinaus weiter zu untersuchen. Dieser Erkundungserfolg kann sich in der ganzen Welt sehen lassen. Die Sedimentationsbecken sind intramontane Becken, Teile von Geosynklinalen mit bis 17000 m Sedimenten vom Paläozoikum bis zum Tertiär.

Bisher sind nur das Tertiär und die Oberkreide als produktive Schichtenfolgen bekannt, die anderen Formationen wurden bisher überhaupt noch nicht getestet, weil tiefe Bohrungen fehlen und diese Horizonte in zur Zeit unerreichbarer Tiefe liegen. Erst jetzt beginnt man hier mit einem Tiefbohrprogramm. Die Aussichten für die Erschließung neuer Erdöl- und Erdgasfelder sind ausgezeichnet, allein im südlichen Teil des Landes sind Hunderte von oberflächlichen Ölanzeichen bekannt.

Nicht unbedeutender ist die Höffigkeit auf der Sibirischen Tafel, über die drei Vorträge von TSCHEPIKOW, WASILJEW & TICHOMIROW; NALIWKIN; KAZARINOW, KASSJANOW, MIRONOW, ROWNIN, ROSTOWTSEW, TSCHOTSCHIA & TROFIMUK gehalten wurden. In Sibirien sind zwei Sedimentationsbecken besonders interessant: im östlichen Teil der Tafel das westliche Jakutien und im westlichen Teil das Tiefland zwischen Ural und Jenissei.

Das westliche Jakutien lehnt sich geologisch an die große Werchojansker Gebirgskette an, die von einem Randbecken von 1200 km Länge begleitet wird, das hauptsächlich Jura und Kreide enthält. Weiter nach Westen folgen die beiden Massive von Anabar (im Norden) und Aldan (im Süden), dazwischen mit einer Depression, der Viljui-Syneklise und der Tunguska-Syneklise. Bisher wurden ein Gasfeld östlich Oleminsk und ein weiteres im Randbecken entdeckt, dazu zahlreiche Ölanzeichen. Hier sind in erster Linie die Speichergesteine und Strukturen des Randbeckens höffig. Günstig sind auch die Syneklisen und die Sedimentmäntel der beiden Massive. Erdölanzeichen im Proterozoikum und Paläozoikum sind verbreitet, die Erkundung hat in diesen Schichtenfolgen aber erst begonnen. Die Viljui-Syneklise enthält über dem Paläozoikum noch Mesozoikum stark wechselnder Mächtigkeit mit Salzstöcken; die Tunguska-Syneklise (Trias über Paläozoikum) fällt durch intrusiven Magmatismus auf. Interessant ist, daß in Klüften von Kimberliten und in den benachbarten Sedimenten Ölanzeichen gefunden wurden. Zufluß von Erdöl konnte auch in einigen Bohrungen im Nordvik—Chatanga-Gebiet angetroffen werden.

Das Westsibirische Tiefland ist eines der größten Sedimentbecken der Erde. Das Fundament besteht aus gefaltetem Paläozoikum, die Sedimentdecke aus Jungpaläozoikum, Mesozoikum und bis zu 4 km mächtigem Känozoikum. Die Sedimente sind vom Tafeltyp, das Becken ist in Wälle, Syneklisen und Strukturen dritter Ordnung gegliedert. Die Ölanzeichen konzentrieren sich am Nord-Soswa-Wall, ein großes Gasfeld wurde bei

[1]) S. Bd. 7 (1961), H. 2, S. 74–75 dieser Zeitschrift

Beresowo am Ob erschlossen und fünf weitere in seiner Umgebung (Untere Kreide bis Oberer Jura). Bemerkenswert ist eine Gasproduktion von 1,5 Mill. m^3/Tag aus zerklüfteten Graniten, die von Sedimenten umgeben sind. Stark höffig ist ferner der Zentralbereich des sibirischen Tieflands und eine Reihe anderer Depressionen.

Die größte Bedeutung unter den neuen höffigen Gebieten der UdSSR hat aber die Karakum-Tafel, die in dem Vortrag von GODING, DICKENSTEIN, DANISEWITSCH, CUKOWSKY & SEMENOWITSCH behandelt wurde und bald die dritte Stelle in der Erdölproduktion der UdSSR einnehmen wird. Die Tafel erstreckt sich östlich des Kaspisees bis zum Gebiet Chiwa—Buchara und ist sehr jungen Alters. Jura und jüngere Sedimente liegen hier über einem Fundament des Paläozoikums und der Trias. Im Süden geht die Tafel in die Vortiefe der Ketten Kopet Dagh und Hissar über und stößt im Osten an die Ausläufer des Tienshan. Am Rande der Vortiefen wurden sehr große Gas- und Erdöllagerstätten entdeckt: die Kaganfelder bei Buchara, Gazly (an der Schwelle von Buchara, größtes Gasfeld der UdSSR), Murabek (bei Karakul). Im zentralen Teil der Plattform liefert eine Versuchsbohrung bei Darvaza 500 Mill. m^3/Tag bei offener Sonde. Produktiv sind hier Jura und Kreide. Diese Erfolge zeigen bereits jetzt, daß dieses noch wenig untersuchte Gebiet außerordentlich höffig ist; das gilt besonders für den Rand des südlichen Randbeckens und das Gebiet der Karabogasbucht, aber auch für die zentralen Teile der Tafel.

Der letzte Beitrag aus der Sowjetunion (BELOW, BROD, BURSCHAR, KOROTKOW, NESMAJANOW & CATUROW) behandelten das nördliche Randbecken des Kaukasus monographisch. Auch dieses Becken ist intensiv abgebohrt und liefert ebenso wie das auf dem Kongreß behandelte Nordtexas-Becken wichtiges Studienmaterial für die Gesetzmäßigkeiten der Erdölakkumulation. Man erkennt auch hier, daß die großen Akkumulationen in den sanften Antiklinalen auftreten, die sich an den Tafelrand anlehnen, aber auch in vielen lithologischen Fallen vorkommen. Daneben sind aber auch Lagerstätten komplizierter Art am mobilen Rand (am Gebirge) ausgebildet. Diese asymmetrischen Vorgebirgsbecken sind auf der Erde weit verbreitet und müssen intensiv untersucht werden. Die hier geschilderten Erkenntnisse waren übrigens auch für die Entdeckung der Lagerstätten im Südteil der Karakum-Tafel von Bedeutung.

Zur selben Ansicht über die Bedeutung der asymmetrischen Randbecken führten auch die Untersuchungen von L. G. BARRABÉ aus Frankreich. Hier gelang aus ähnlichen Überlegungen die Entdeckung der Lagerstätten in Aquitanien, also im Vorgebirgsbecken der Pyrenäen. Auf Grund seiner Erfahrungen gab BARRABÉ eine Klassifikation und Einschätzung der Sedimentationsbecken. Er unterscheidet:

1. Geosynklinalen im eigentlichen Sinn, also gefaltete Becken. Der Diastrophismus hat die meisten Lagerstätten zerstört.
2. Randbecken der Gebirge mit schneller Absenkung, schwacher Faltung, günstiger Muttergesteins- und Speichergesteinsfazies. In ihnen liegen die meisten der bekannten Lagerstätten. Aus diesen Becken heraus entwickeln sich oft durch Transgression die
3. Epikontinentalbecken der Schelfe. Die Sedimente sind meist wenig mächtig, oftmals sind es aber tiefe Becken, die ähnlich zu beurteilen sind wie die Randbecken. Der Autor möchte sie der vorhergehenden Gruppe durch die Bezeichnung „Vor-Randbecken" (Pré-avantfosses) anschließen.
4. Eingeschaltete, intramontane Becken. Sie liegen zwischen zwei Ketten und haben ähnlichen Sedimentationscharakter wie die Randbecken und ähnliche erdölgeologische Bedeutung.
5. Becken ohne Beziehung zu Orogenesen. Es sind hauptsächlich Epikontinentalbecken mit marinen oder lagunären Transgressionen. Die Sedimentation ist langsam. Nur bei kräftiger Absenkung sind sie erdölgeologisch günstig. Dazu gehören auch litorale Becken am Rande alter Tafeln, Depressionen in Tafelgebieten, grabenartige Gebilde. Letzte verhalten sich, ihrer kräftigen Sedimentation wegen, wie Randbecken.

Der Autor hat eine Karte der Erde mit den klassifizierten Becken entworfen und stellte seine Einteilung zur Diskussion.

E. M. SCHLAIKJER versuchte, in seinem Referat die Probleme der Erdölakkumulation wieder von einem bereits verlassenen Standpunkt, aber mit neuer Auslegung, zu lösen. Er leugnet jede weite Migration und versuchte, die Erdölakkumulationszonen aus den besonderen biologischen und sedimentologischen Bedingungen an den Rändern synsedimentärer Aufwölbungen zu erklären. Der Autor hat dafür eine Menge Argumente beigebracht, deren Studium sich lohnt. Natürlich steht diese Theorie im Widerspruch zu vielen festgefügten Meinungen, sie trägt aber zur weiteren Klärung dieser Probleme bei. Auch die Diskussion zeigte, daß die Ansichten SCHLAIKJERs von den meisten Tagungsteilnehmern abgelehnt wurden.

Die Vorträge und Diskussionen der Sektion 11 hielten sich an das vorgegebene Programm und behandelten nur Themen von allgemeinem Interesse, die geeignet sind, die regionalen Fragen der Erdölgeologie weiter zu klären.

Zur ingenieurgeologischen Terminologie

FRITZ REUTER, Berlin

Die Ingenieurgeologie ist eine Disziplin der Geologie, die sich seit Anfang des 20. Jahrhunderts aus der Geologie und aus der Bauwissenschaft als selbständiges Fachgebiet entwickelt hat. Ihrem Ursprung entsprechend vereinigt sie viele Begriffe des Ingenieurs und des Geologen und besitzt heute ihre „eigene Sprache", die sich von der der Ausgangsfächer sehr häufig unterscheidet. Wie in allen Fachgebieten, in denen sich verschiedene Berufszweige zusammengefunden haben, stößt man deshalb häufig auf Verständigungsschwierigkeiten, da neue Termini geprägt oder solche des einen oder anderen Fachgebietes übernommen werden müssen. Soweit das letztere der Fall ist, wird mit einigem guten Willen eine Verständigung leicht möglich sein. Große Schwierigkeiten treten allerdings auf, wenn gewisse Termini einem anderen Fach entlehnt oder falsch angewendet werden.

Ein sehr schönes Beispiel des Bemühens um die Schaffung einer einheitlichen und richtigen Terminologie auf dem Fachgebiet Geomechanik erlebten die Teilnehmer des Geomechanischen Kolloquiums 1959 in Salzburg. Bereits zu einer Zeit, in der das Fachgebiet Geomechanik noch am Anfang seiner Entwicklung steht, beginnt man mit aller Konsequenz diese sehr wichtige Aufgabe zu lösen. Leider war das in der Ingenieurgeologie nicht der Fall, und es wird heute mit Begriffen gearbeitet, die anderen Fachgebieten entlehnt und falsch angewendet werden. Es ist so weit gekommen, daß sogar die Fachleute, aus deren Sprache diese Termini ursprünglich stammen, die Begriffe falsch anwenden. Jeder Zweig einer Wissenschaft muß aber für klare und exakte Begriffsbestimmungen sorgen. Grundsätzlich herrscht dabei das Prioritätsprinzip, nach dem jeder Wissenschaftler verpflichtet ist, den einmal geprägten Begriff im ursprünglich gegebenen Sinne anzuwenden. Sicher gibt es sprachlich unschöne Begriffe oder solche, die gar nicht den eigentlichen Sinn ausdrücken, z. B. „Ingenieurgeologie“ oder „Erdbaulaboratorium“. Obwohl in beiden Fällen das Wort „Baugrund“, anstelle von „Ingenieur“ und „Erdbau“, viel sinnvoller wäre (aber auch darüber kann man sich streiten), haben wir uns doch an diese neuen Namen gewöhnt, und jeder weiß, um was es sich handelt. Es ist nicht zweckmäßig, derartige Namen und Begriffe (es gibt deren sehr viele), wenn sie sich eingebürgert haben, zu ändern.

Allerdings gibt es zahlreiche Beispiele, die dringend geändert werden müßten. In vielen Übersetzungen aus Fremdsprachen findet man heute, wenn der Baugrund, das Gestein oder sogar der Boden gemeint ist, das Wort Boden, obwohl es in der Originalsprache sehr gut auseinandergehalten wird. So verwendet man z. B. im Russischen das Wort potschwa, wenn man tatsächlich den Boden, und das Wort grunt, wenn man den Baugrund meint. Im deutschen Sprachgebrauch sieht es nun ganz anders aus: Für ein und dasselbe wird sowohl Baugrund und Boden gebraucht, wobei „Baugrund“ meist sogar richtig, „Boden“ aber fast immer falsch angewendet wird. In beiden Fällen meint man weder das eine noch das andere, sondern ganz schlicht und einfach ein „Gestein“. Man sollte doch eigentlich annehmen, daß der Ingenieur, der z. B. von Fußboden oder Dachboden spricht, am ehesten bestrebt wäre, das Wort „Boden“ richtig anzuwenden. Hierzu kommt noch eine dritte Art „Boden“, deren Geltungsbereich nicht fest umgrenzt ist; denn man spricht von „Lockerböden“ oder auch gar von „Felsböden“. Das Wort „Felsböden“ wird in neuerer Zeit sogar von Ingenieurgeologen angewendet, die der Fachrichtung Geologie entstammen.

Aber mit dieser Verwirrung ist noch nicht Genüge getan. Es scheint so, als ob man ängstlich bemüht ist, das Wort „Gestein“, wo immer es geht, zu vermeiden und dafür gar „Erdstoff“ oder „Erdart“ und ähnliches zu setzen. Manche versuchen nun, diesen Begriffen einen Sinn zu geben, indem sie sagen, daß man von Erdart spricht, solange sich das Material noch in seinem natürlichen Zustand befindet; es wird aber zum Erdstoff, sobald es in Form einer Probe vorliegt und während der Untersuchung. Verf. glaubt nicht, daß alle Fachkollegen diese Definition anerkennen würden. Es ist sicher nicht sinnvoll, ohne daß eine qualitative Veränderung auftritt, derartige Unterscheidungen zu treffen.

Auch der Ingenieurgeologe, d. h. der Geologe, der sich mit dem Baugrund beschäftigt, sollte diese kleine Konzession machen und ein Gestein als Gestein bezeichnen. Begriffe wie Erdart oder Erdstoff sind überflüssig. Der Begriff Boden ist der Agrarwissenschaft entlehnt und sollte auch vom Ingenieurgeologen in diesem Sinne gebraucht werden. Die Definition lautet etwa: „Unter Boden versteht man die oberste Verwitterungsschicht der festen Erdrinde, die im Einflußbereich der Lebendwelt liegt“ (SCHMALFUSS: Pflanzenernährung und Bodenkunde — Leipzig 1952). Daraus ergibt sich, daß der Ingenieurgeologe keine Bodenprobe, sondern eine Gesteinsprobe entnimmt und diese bearbeitet.

Wenn hier einige Begriffsklarstellungen versucht wurden, so darf man nicht vergessen, daß dies sehr problematisch ist und auch zahlreiche Beispiele angeführt werden können, bei denen eine Klärung nicht so einfach ist. Man wird auch fernerhin noch von „bodenmechanischen“ und „bodenphysikalischen“ Untersuchungen sprechen, weil es den Fachleuten einfach „in Fleisch und Blut“ übergegangen ist, obwohl es auch hier richtiger wäre, „gesteinsmechanische“ und „gesteinsphysikalische“ Untersuchungen zu sagen. Die Begriffe „Lastboden“ und „Schachtboden“ zu ersetzen, stößt schon auf größere Schwierigkeiten, ist aber auch nicht erforderlich; denn in diesem Falle verbindet man sicher nicht das Wort Boden mit Gestein, sondern wohl eher mit „Grund“ und „Boden“, auf dem ein Bauwerk errichtet wird.

Um diesen Begriffsverwirrungen entgegenzuwirken, ist es zweckmäßig, wie das in anderen Fachgebieten bereits verwirklicht wurde, ein Fachwörterbuch zusammenzustellen. Vom Rat für gegenseitige Wirtschaftshilfe der sozialistischen Länder wurde die Arbeitsgruppe Ingenieurgeologie des Zentralen Geologischen Instituts mit den Vorarbeiten zur Herausgabe eines ingenieurgeologischen Fachwörterbuches beauftragt. Die Mitarbeit aller Fachkollegen durch Diskussionen und Hinweise wird deshalb begrüßt werden.

Eine grundlegende Arbeit über die Bergwerksrente

JOHANN KÖHLER: Die kapitalistische Bergwerksrente — dargestellt am Beispiel des westdeutschen Steinkohlenbergbaus
Freib. Forsch.-H., D 29, Akademie-Verlag, Berlin 1960; 199 S.

Referiert von FRIEDRICH STAMMBERGER, Berlin

1.

Die Erkundungsgeologie ist eine geologisch-ökonomische Wissenschaft. Daher sind grundlegende ökonomische Kenntnisse, vor allem auch die Grundlagen der politischen Ökonomie, für jeden Erkundungsgeologen unerläßlich. Jeder Fortschritt, der in dieser Hinsicht unter unseren Erkundungsgeologen erreicht wird, wird sich in einer allgemeinen Verbesserung unserer Arbeit bemerkbar machen. Die vorliegende gründliche Untersuchung KÖHLERs ist für die Erkundungsgeologen der DDR besonders interessant, da der erfolgreiche Versuch unternommen wurde, das komplizierte und theoretisch bisher vernachlässigte Problem der Bergwerksrente an einem zeitgenössischen Beispiel — dem westdeutschen Steinkohlenbergbau — darzulegen.

Das Problem der Bergwerksrente ist auch deshalb für uns aktuell, weil einzelne sowjetische Kollegen vorgeschlagen haben, die Bergwerksrente zum entscheidenden Kriterium bei der ökonomischen Bewertung von Lagerstätten und Bergwerken zu machen.

KÖHLER erläutert einleitend die Theorie der kapitalistischen Bergwerksrente. Dieser Teil der Arbeit könnte als Spezialkursus für Geologen und Bergleute bezeichnet werden. Sein Studium kann allen Erkundungsgeologen nur dringendst empfohlen werden.

2.

Im vormonopolistischen Kapitalismus wirkt das Gesetz des Produktionspreises, d. h., die Waren werden im Durchschnitt zu Produktionspreisen ausgetauscht. Der Produktionspreis setzt sich zusammen aus dem Kostpreis ($k = c + v$) und dem Durchschnittsprofit. Der Produktionspreis ist das Zentrum, um das die Marktpreise schwanken.

Der Durchschnittsprofit ist das Minimum, welches der Kapitalist beansprucht. Sinkt der Profit unter diesen Durchschnitt, wird er in der Regel sein Kapital in einer profitversprechenderen Produktion anlegen. Insgesamt besteht die Tendenz, daß sich die unter und über dem Durchschnitt liegenden Profite ausgleichen.

Extraprofite haben in der vormonopolistischen kapitalistischen Gesellschaft ihre Ursache stets in einer über dem Durchschnitt liegenden Produktivkraft der Arbeit. Die Arbeitsproduktivität hängt jedoch — wie MARX betont hat — von vielen Faktoren ab, u. a. auch von Naturverhältnissen. Der gleiche Arbeitsaufwand führt bei sonst gleichen Verhältnissen zu größeren Mengen an Gebrauchswerten, wenn die Naturverhältnisse (z. B. günstigerer Boden, reichere Lagerstätte usw.) besser sind. Derjenige Kapitalist, der sich das Eigentums- oder Nutzungsrecht für solche günstigeren Verhältnisse aneignen konnte, wird einen ständigen Vorteil gegenüber den anderen Produzenten haben, da ja bekanntlich reiche Lagerstätten oder Böden mit hoher Fruchtbarkeit nicht nach dem Willen der Kapitalisten vermehrt werden können wie z. B. Fabriken. Das Monopol der Bewirtschaftung günstiger natürlicher Bedingungen führt zu einem Extraprofit, der sogen. Differentialrente, die sich letztlich der Eigentümer der Naturbedingungen aneignet.

Hinzu kommt, daß bei den Produkten der kapitalistischen Landwirtschaft und des kapitalistischen Bergbaus die Naturbedingungen auch Einfluß auf die Preisbildung ausüben. Der Kapitalist mit den ungünstigsten natürlichen Bedingungen würde seine Produktion einstellen, wenn er nicht den allgemeinen oder Marktproduktionspreis für seine Waren realisieren würde, d. h. individueller Kostpreis plus Durchschnittsprofit. Alle übrigen Produzenten — mit günstigeren Naturbedingungen — können außerdem noch mit der Differentialrente rechnen.

In fast allen modernen kapitalistischen Staaten ist das Verfügungs- bzw. Eigentumsrecht an volkswirtschaftlich wichtigen unterirdischen mineralischen Rohstoffen dem Grundeigentümer entzogen und dem Staat übertragen (z. B. auch in Westdeutschland). Eigentlich müßte also der Staat als Aneigner der Differentialrente auftreten. Das ist, von unbedeutenden Ausnahmen abgesehen, jedoch nicht der Fall. Der kapitalistische Staat überträgt für eine äußerst geringe Gebühr die Mutung und die Erteilung der Abbauberechtigung an Großkapitalisten und Bergbaugesellschaften, die sich auch die Differentialrente aneignen.

3.

Bei der Differentialrente wird unterschieden zwischen der Fruchtbarkeitsrente (Landwirtschaft) bzw. Ertragsfähigkeitsrente (im Bergbau), die auch als Differentialrente Ia bezeichnet wird, und der auf dem gleichen Prinzip beruhenden Differentialrente Ib, der sogenannten Lagerente. Für die Entstehung der Lagerente ist die monopolistische Ausnutzung der Lage zum Absatzmarkt maßgebend.

KÖHLER untersucht und legt in seiner Arbeit die gemeinsame Wirkung der Differentialrente Ia und Ib dar.

Neben der Differentialrente I (natürliche Bedingungen und Lage) existiert noch die Differentialrente II. Sie entsteht als Resultat zusätzlich angelegter Kapitale bei monopolistischer Bewirtschaftung einer Lagerstätte. In der Landwirtschaft kann durch Kapitalaufwand eine Ertragsverbesserung erreicht werden. Künstliche Düngung usw. können dazu führen, daß der gleiche Boden höhere Erträge liefert.

KÖHLER untersucht zunächst in allgemeiner Form, wie sich im Bergbau die Differentialrente II bemerkbar macht. Dieser Abschnitt ist nach Meinung des Rezensenten etwas zu kurz gekommen, nicht alle Fragen sind hier mit der sonst für KÖHLER charakteristischen Tiefe erschöpfend behandelt worden.

4.

Die Differentialrente II entsteht durch größere Fruchtbarkeit infolge sukzessiv angelegten Kapitals. Wenn der von KÖHLER vorgeschlagene analoge Begriff „Ertragsfähigkeit" benutzt wird, könnte für den Bergbau formuliert werden: Die Differentialrente II entsteht im Bergbau durch größere Ertragsfähigkeit infolge zusätzlicher Kapitalanlagen bei monopolistischer Bewirtschaftung der Lagerstätte.

Dabei muß beachtet werden, daß es sich bei der Erhöhung der Arbeitsproduktivität infolge zusätzlicher Kapitalanlage, um eine „Verbesserung" der Lagerstätte und nicht ihren schnelleren Abbau o. ä. handeln muß. Die Kapitalanlage muß eine Verbesserung der natürlichen Produktivitätsbedingung hervorrufen. Bei der Untersuchung dieser Frage kann der „Bergbau" verschieden weit gefaßt werden:

a) man kann an der Hängebank den eigentlichen Bergbau für abgeschlossen halten;

b) man kann die Aufbereitung des Rohstoffes mit in den Bergbau einbeziehen, wie das z. B. im Erzbergbau gemeinhin üblich ist.

Betrachten wir hier — wie es uns mit KÖHLER richtiger erscheint — nur den eigentlichen Bergbau (Fall a). MARX hat zwar im III. Band seines „Kapitals" geschrieben: „Die eigentliche Bergwerksrente ist bestimmt ganz wie die Ackerbaurente"; es dürfen jedoch keineswegs die Unterschiede zwischen diesen menschlichen Tätigkeitsbereichen übersehen werden. Hier sei lediglich auf die Erschöpfbarkeit der Lagerstätten hingewiesen. Die Lagerstättensubstanz ist in der Regel nicht regenerierbar, ist nur einmal gegeben und vermindert sich durch ihre Nutzung. Der Boden in der Landwirtschaft hat diese Eigenschaft nicht. Selbst wenn er durch Raubbau versteppt oder verwüstet, besteht die Möglichkeit, ihn wieder fruchtbar zu machen.

Die Steigerung der Ertragsfähigkeit einer Lagerstätte (hier nur vom Standpunkt der Differentialrente II betrachtet) ist daher nur auf zwei Wegen möglich:

Erster Weg:

a) Einbeziehung von Armerzen in die Förderung (wozu entsprechende technologische Voraussetzungen gegeben sein müssen, wie z. B. wirtschaftliche Technologien für die Verarbeitung solcher Erze)[1];

b) Verringerung der Abbauverluste, die bekanntlich gegenwärtig im Mittel für alle Länder zwischen 30 und 70—80% liegen.

Dieser Weg setzt einerseits gewisse natürliche Bedingungen voraus (es müssen z. B. neben den bisher gebauten Derberzen, Imprägnations- oder Sprenkelerze vorhanden sein), andererseits ist in der Regel zusätzliches Kapital notwendig. Der zweite Weg — der auch bei KÖHLER dargestellt ist — besteht in der Vergrößerung der Menge der Gebrauchswerte durch bessere Technologie der Nutzung des Rohstoffes, d. h., liegt vor allem in der Produktionssphäre, die nach der Hängebank beginnt. Er setzt ebenfalls gewisse natürliche Bedingungen voraus, z. B. die Eignung der geförderten Massen des Nebengesteins für die Pflastersteinproduktion (Mansfeld-Hüttenkombinat).

In der Landwirtschaft kann der Boden verbessert werden, so daß er fruchtbarer wird. Im Bergbau kann die Lagerstätte bzw. die Vorratssubstanz nicht verbessert werden, sie kann lediglich besser genutzt und so ihre Ertragsfähigkeit erhöht werden. Der Arbeitsaufwand für einen bestimmten Abraum kann im Braunkohlentagebau z. B. durch zusätzliche Kapitalanlagen (leistungsfähigere Großgeräte) geringer werden. Daneben können jedoch die Tone, Sande und Kiese des Abraums genutzt werden, statt sie auf die Halden zu geben.

5.

Neben der Differentialrente (Ia, Ib und II) behandelt KÖHLER noch die absolute Bergwerksrente. Sie entspringt aus dem Monopol am Grund und Boden.

In der Landwirtschaft erhält der Produzent auf dem schlechtesten und am ungünstigsten gelegenen Boden zwar keine Differentialrente. Er erzielt für seine Produkte (im Durchschnitt) den individuellen Kostpreis ($k = c + v$) plus den Durchschnittsprofit, d. h. den Produktionspreis. Unter den Bedingungen des Kapitalismus muß dieser Produzent jedoch noch Pacht für den Boden zahlen. Das kann er nur — unter der Bedingung, daß er selbst für seine Produkte den Produktionspreis erhält —, wenn er einen höheren Profit als den Durchschnittsprofit erzielt; nur dann ist er in der Lage, dem Grundeigentümer die sog. absolute Rente in Form der Pacht auszuhändigen.

KÖHLER entwickelt auf den S. 36—37 die allgemeinen Ursachen, welche die Entstehung der absoluten Rente ökonomisch überhaupt zulassen. Es sind: die niedrige organische Zusammensetzung des Kapitals in der Landwirtschaft und das Monopol des privaten Eigentums an Grund und Boden. „Absolute Rente kann also im Bergbau nur dann auftreten, wenn

a) die organische Zusammensetzung im Bergbau niedriger ist als die durchschnittliche organische Zusammensetzung der übrigen Zweige der Industrie . . . und

b) der Ausgleich der Profitraten durch das Dazwischentreten eines Eigentumsmonopols verhindert wird."

Beide Voraussetzungen sind — wie die Tatsachen beweisen — in Westdeutschland gegeben: Die organische Zusammensetzung des westdeutschen Bergbaukapitals war 1951 $c : v = 3{,}6 : 1$ gegenüber $10{,}5 : 1$ der Eisen und Stahl erzeugenden Industrie. Die Bergwerksgesellschaften üben ökonomisch trotz des § 1 des „Allgemeinen Berggesetzes" hinsichtlich der absoluten Rente die gleichen Funktionen aus wie die Grundeigentümer in der Landwirtschaft.

Mit der Realisierung der Bergwerks- bzw. Grundrente überhaupt taucht in der Theorie ein — in der Praxis spontan gelöstes — Problem auf: Die Summe der auf dem Markt realisierten Preise liegt über der Summe der individuellen Werte. Bereits MARX hatte auf diesen Umstand hingewiesen und ihn erklärt. Nach Meinung des Rezensenten ist es besonders begrüßenswert, daß KÖHLER auf den S. 39—45 dieses Problem eingehend untersucht. Ebenso wichtig ist die Untersuchung des Einflusses der Monopolbildung auf die Bergwerksrente.

Die an die allgemein-theoretische Darlegung anschließende Untersuchung „Die Bergwerksrente in der Bundesrepublik Deutschland, dargestellt am Steinkohlenbergbau" verdient seitens der Geologen und Bergleute die größte Beachtung. KÖHLER beweist auf Grund eines umfangreichen Tatsachenmaterials, daß

a) die Differentialrente im westdeutschen Steinkohlenbergbau 1952—1955 pro Tonne 14, 85% des Preises und pro Tonne 8,02 DM ausmacht;

b) die Lagerente (Ib) gegenwärtig kaum eine Rolle spielt (sie ist jedoch wichtig für den bayrischen Pechkohlenbergbau);

[1]) Bei a) und b) wird unterstellt, daß sich dabei der Kostpreis pro Tonne Endprodukt nicht erhöht.

c) die absolute Rente beträgt (für 1954) etwa 0,02 DM pro Tonne;

d) die Profitrate beträgt 38,3% vor und 27,7% nach Abzug der Rente;

e) davon sind Monopolprofite im Mittel etwa 7,7%;

f) ferner sind die Bergwerksgesellschaften z. T. auch noch Empfänger landwirtschaftlicher Grundrente (allein über 60 Mill. DM Einnahmen an Mieten für Werkswohnungen!).

6.

Die verdienstvolle Arbeit KÖHLERs beweist nicht nur, daß die Behauptung der westdeutschen Zechenherren über fehlende bzw. schlechte Rentabilität ihrer Betriebe nur zur Irreführung der Öffentlichkeit dient und über die angestrebte Erhöhung der Kohlenpreise zu neuen, zusätzlichen Profiten führen soll. KÖHLER beweist auch, daß die „Ertragslage" keineswegs schlecht ist, daß die Kohlenpreise sogar gesenkt werden könnten. Es ergibt sich die uns nicht überraschende Feststellung, daß auch dann der realisierte Mehrwert noch so groß ist, daß er breite Möglichkeiten für Lohnerhöhungen der Bergarbeiter bietet.

Das Freiberger Forschungsheft D 29 kann allen Geologen und Bergleuten nur wärmstens zum gründlichen Studium empfohlen werden.

Lesesteine

Die Konzernverflechtungen der Ente Nazionale Idrocarburi (ENI)

Die reichen italienischen Erdgasfunde haben nicht nur eine völlige Umwälzung der Energiewirtschaft, sondern auf Grund des Schlüsselcharakters der Energie einen erheblichen Einfluß auf die Entwicklung des Staatskapitalismus in Italien ausgeübt. Auf der Grundlage der zunächst bescheidenen Erdgasproduktion in der Po-Ebene kam es, um die Privatwirtschaft von dem „Griff in den offenen Geldschrank" auszuschließen, zur Bildung der Staatsholding (ENI) mit der Aufgabe, die Privatkonzerne für Erdöl, Düngemittel usw. niederzukämpfen.

Die ENI ist mit einem Dotationsfonds von 36,9 Mrd. Lire ausgestattet und führt 60% ihres Reingewinns (1959 = 3 Mrd. Lire) an den Staat ab. Aus der Differenz zwischen Gestehungskosten und dem Verkaufspreis des Methans stehen ihr laufend große Mittel zur Verfügung. Zum Unterschied von der Staatsholding (IRI), die auf dem Elektrizitätssektor tätig ist, hat sie bisher keine Zuschüsse benötigt, hat aber alle ihre Monopoleinnahmen neu investiert. Der bisher fast unübersehbar gewordene Konzern ruht auf fünf Großunternehmen, die wieder Beteiligungsgesellschaften besitzen.

1. AGIP Mineraria zur Aufschließung von Lagerstätten im In- und Ausland mit 17 Beteiligungsgesellschaften, zum Teil in fernsten Ländern.
2. SNAM für den Transport des Erdgases und für den Maschinenbau mit 15 Beteiligungsgesellschaften, darunter die Südpetrol AG in München. Diese Gesellschaft soll später das von Genua über die Schweiz kommende Erdöl in den süddeutschen Raum transportieren. Sie bereitet den Bau von zwei Raffinerien in Bayern und Württemberg vor.
3. AGIP mit 15 Beteiligungsgesellschaften ist an Raffinerien beteiligt und vertreibt die Erdölproduktion. Tochtergesellschaften bestehen in Marokko, in der Schweiz, Somaliland, Libyen, Tunis, Österreich, dem Sudan und in Westdeutschland (AGIP AG München, die das Tankstellennetz in Deutschland aufziehen soll).
4. ANIC mit zehn Beteiligungsgesellschaften. Sie besitzt Raffinerien, betreibt aber vor allem Werke der Petrochemie.
5. AGIP-Nucleare mit zwei Beteiligungsgesellschaften für die Atomwirtschaft.

Diese fünf Gruppen besitzen zu je $^1/_5$ drei weitere Gesellschaften für die Projektierung, für die Finanzierung und eine Gesellschaft, die den Kern der Erdgasstadt „Metanopoli" bildet.

Schließlich ist noch die Beteiligung an der Mailänder Tageszeitung „Il Giorno" zu nennen. Diese Beteiligung, die jährlich einige hundert Millionen Lire für die Bearbeitung der öffentlichen Meinung erfordert, hat den besonderen Zorn der privaten Monopole hervorgerufen, die dem Blatt zum Zweck der Diffamierung den Vorwurf von „Linkstendenzen" unterstellt.

Für die Bedeutung des staatskapitalistischen Konzerns sprechen folgende Zahlen: Der Umsatz betrug 1959 (nur die zu 50% beherrschten Unternehmen) 361 Mrd. Lire (2,4 Mrd. DM). Es wurden 21500 Personen beschäftigt.

Die Erdgasförderung stieg gegenüber 1958 um 19,4% auf 5,76 Mrd. m³, davon wurden 65% in der Industrie verbraucht, 15% chemisch genutzt.

Der Konzern besitzt 4277 km Erdgasleitungen sowie eine Tankerflotte mit 191000 dtw, mit der 1959 2,93 Mill. t Erdöl transportiert wurden. Die Raffinerien produzierten rd. 3 Mill. t.

Außer einem sehr umfangreichen Tankstellennetz verfügt der Konzern noch über 17 eigene Hotels.

Von den Bohrungen im Ausland, die nach der neuen Formel der Gewinnbeschränkung im Iran, in Ägypten, Libyen, Marokko, Somaliland und Tunesien laufen, hatten bisher nur die in Ägypten Erfolg (1,8 Mill. t jährlich).

Für die Zukunft ist die Erweiterung der Erdgasproduktion — bis 1965 auf 7—8 Mrd. m³ — beabsichtigt, ferner der Ausbau der petrochemischen Industrie durch ein Werk auf Sizilien zur Verarbeitung von 3 Mill. t zu Heizöl und Treibstoffen, Herstellung von Polyäthylen und Propylen sowie ein petrochemisches Zentrum auf Erdgasbasis für die Produktion von Kunststoffen auf Azetylenbasis. Schließlich ist noch der Bau eines großen Atomkraftwerks bei Latina geplant. Le

Besprechungen und Referate

Geochronologische Skala der absoluten Zeitrechnung

Isw. Akad. Nauk SSSR, Ser. Geol., Nr. 10, 1960, S. 17—21

Die vom sowjetischen geochronologischen Laboratorium im Laufe mehrerer Jahre gesammelten geologischen Altersbestimmungen wurden auf der IX. Tagung der Kommission zur Bestimmung des absoluten Alters geologischer Formationen, die im Juni 1960 in Leningrad stattfand, ausgewertet und eine neue geochronologische Altersskala für das Jahr 1960 vorgeschlagen.

Diese Skala baut sich vor allen Dingen auf Altersbestimmungen von Biotiten, seltener von Muskoviten intrusiver Gesteine auf. In einigen Fällen wurden die Altersangaben durch Bestimmungen an Glaukoniten bestimmter stratigraphischer Horizonte unterstützt. Die Altersangaben der aufgestellten Skala für das Paläozoikum verschieben sich nach der Meinung einiger Bearbeiter um 30—60 Mill. Jahre.

In vorliegender Arbeit werden 58 Altersbestimmungen von Glimmern und Glaukoniten mitgeteilt. Davon sind drei aus dem mitteleuropäischen Raum (Tab. 1).

Tabelle 1

Untersuchungsmaterial	Geologisches Alter	Absolutes Alter, in Mill. Jahren	Laboratorium
Zinnwaldit aus Greisen, Sächs. Erzgebirge	postrotliegend	260	GEOCHI AN SSSR
Glimmer aus Graniten der Massive von Eibenstock, Kirchberg	postdevonisch	350	„
Glimmer aus dem Massiv von Brno, ČSSR	prädevonisch	430	„

Tab. 2 zeigt die absoluten Altersgrenzen zwischen den geologischen Perioden, Epochen usw. Eine endgültige Festlegung der präkambrischen Ären gehört in den Kompetenzbereich der internationalen stratigraphischen Kommission und wurde hier nur angenähert wiedergegeben.

Tab. 2. Geochronologische Skala nach Bestimmungen des absoluten Alters

Ära	Periode, Epoche			Zeit in Mill. Jahren, Grenze der Epochen usw.
Känozoikum	Tertiär	Neogen	Pliozän	10
			Miozän	25
		Paläogen	Oligozän	40
			Eozän	
			Paläozän	70
Mesozoikum	Kreide	Obere		100
		Untere		140
	Jura			185
	Trias			225
Paläozoikum	Perm			270
	Karbon			320
	Devon			400
	Silur (Gotland)			420
	Ordovicium			480
	Kambrium			570
Präkambrium IV	(Sinium, spätes Präkambrium, Proterozoikum II)			1100–1200
Präkambrium III	(Proterozoikum, Proterozoikum I)			1800–1900
Präkambrium II	(Archaikum)			2600–2700
Präkambrium I	(Katarchaikum)			3400–3500

W. B.

CHUDAINASAROW, G.

Vereinfachtes Verfahren zur Umrechnung der scheinbaren Mächtigkeit in die wahre Mächtigkeit

Nowosti Neftjanoj Techniki, Geol., H. 7, 1960, S. 31

Verf. stellt fest, daß die z. Z. aktuellen Umrechnungsverfahren nicht immer anwendbar und nicht genügend schnell sind. Auf Grund von über 200 Messungen der scheinbaren Mächtigkeit an Juragesteinen des Großen Balchan kam er zu der Schlußfolgerung, daß eine Berechnung nach der Formel von LEONTOWSKI

M wahrscheinlich $= l\,(\sin\alpha \cdot \cos\beta \cdot \cos\varphi \pm \cos\alpha \cdot \sin\beta)$ sehr aufwendig ist. Nach dieser Formel erfolgt die Umrechnung der Meßergebnisse in Abhängigkeit vom Streichen der Schichten.

Die bekannten graphischen Verfahren, die bei Flözen mit geringem Einfallen angewendet werden können, sind sehr kompliziert und erfordern für jede einzelne Messung eine gesonderte graphische Darstellung.

Vom Verf. wurden für diese Umrechnungen auf Millimeterpapier Nomogramme mit den Winkeln von 0 bis 90° im 2., 3. und 4. Quadranten entwickelt. Im 1. Quadranten ist ein Maßstab eingezeichnet.

Für die Umrechnung sind ein spezielles Meßgerät und folgende Meßergebnisse erforderlich:

1. Entfernung von der Firste bis zur Sohle des Flözes,
2. Einfallswinkel des Flözes,
3. Winkel zwischen der Meßfläche und der Horizontalen,
4. Differenz zwischen Einfallsazimut und Meßazimut, falls die Messung nicht senkrecht zum Streichen erfolgte.

Bei der Umrechnung können vier charakteristische Fälle auftreten, auf die im Beitrag an Hand rechnerischer Beispiele ausführlich eingegangen wird.

Die Genauigkeit der Umrechnung mittels der Nomogramme ist hauptsächlich von der Genauigkeit der Nomogramme selbst abhängig.

Im allgemeinen ist der beste Maßstab für diese Nomogramme 1 : 1000, aber bei kleineren Mächtigkeiten (bis zu 10 m) sind noch größere Maßstäbe anzuwenden.

Mit Hilfe eines Nomogramms sind nach Angaben des Verf. 1000 bis 1500 Mächtigkeitsbestimmungen möglich, wobei jede Umrechnung 1 bis $1^1/_2$ min dauert. MÜNZ

CHEETHAM, A. H.

Time, Migration and Continental Drift

Bull. A. A. P. G., Vol. 44 (1960), Nr. 2, S. 244–251

Es wird die Wandermöglichkeit der Fauna im Tertiär untersucht. Obgleich der nördliche Atlantische Ozean eine Schranke für die Faunenwanderung darstellt, war doch ein Austausch des Warmwasser-Benthos der Schelfe von Europa und Nordamerika im Tertiär kein ungewöhnlicher Vorgang. Dies verlangt Erklärung. Möglich ist,

1. daß Nordamerika und Europa nahe beieinander lagen, bevor sie im Känozoikum auseinanderdrifteten,
2. daß ein Brückenkontinent vorhanden war oder daß
3. Strömungen auftraten, die in größerer Äquatornähe eine Verbindung herstellten.

Zur Prüfung dieser Theorien werden tertiäre cheilostome Bryozoen, die an Tangen mitgenommen werden konnten, verwendet. Wenn man die Daten der Herkunft, Verwandtschaft, Wanderungsrichtung der eozänen und oligozänen Fauna analysiert, kommt man zur Annahme der Strömungstheorie. MEINHOLD

KNAK, I.

Feinstratigraphische Aufnahme des Kalilagers Staßfurt auf den Schachtanlagen Neustaßfurt VI/VII, Berlepsch-Maybach und Ludwig II

(46 S.)

FLEISCHER, S.

Die stratigraphische, fazielle und tektonische Ausbildung des Hauptanhydrits auf dem Berlepsch-Maybach-Schacht bei Staßfurt

(35 S.)

BEHR, E.

Geologische Beobachtungen am Hauptanhydrit des Staßfurt—Egelner Sattels im Bereich des Kaliwerkes Staßfurt, Schacht VI/VII

(17 S.)

Freiberger Forschungshefte, C 90, 69 Bilder, 18 Anlagen (z. T. farbig), 3 Tab. (Mit einer Vorbemerkung von V. HOTTEWITZ), Akademie-Verlag, Berlin 1960. — DM 16,—

Mit dem vorliegenden Freiberger Forschungsheft werden wesentliche Ausschnitte aus drei Diplomarbeiten des Geologischen Instituts der Bergakademie Freiberg veröffentlicht. Das ist um so verdienstvoller, weil geologische und petrographische Beobachtungen und Untersuchungen aus dem Bereich einzelner Kalisalzgruben nach 1945 recht spärlich publiziert wurden, obwohl zahlreiche solche wissenschaftlichen Arbeiten bei den geologischen und mineralogischen Instituten der Hochschulen der DDR vorliegen, die erst durch Veröffentlichung einem breiteren Kreise zur weiteren wissenschaftlichen Auswertung zur Verfügung stehen. Es kann deshalb nicht genug betont werden, daß das vorliegende Heft Auftakt für weitere Veröffentlichungen dieser Art sein sollte.

Die drei Arbeiten ergänzen sich in ihrer Problematik:

I. KNAK beschäftigt sich mit der Feinstratigraphie im Flöz Staßfurt, d. h., Steinsalzbänke und Zwischenmittel wurden hinsichtlich ihrer Konstanz und Horizontbeständigkeit untersucht. Die älteren Gliederungen von SCHÜNEMANN, ROZSA und LÜCK werden bestätigt. Darüber hinaus konnten zusätzliche, wenn auch weniger auffällige, aber horizontbeständige Schichten in der Staßfurtregion nachgewiesen werden. Die Mächtigkeitszunahmen der Carnallitzwischenmittel in nordwestlicher Richtung am Staßfurt—Egelner Sattel werden auf fließtektonische Vorgänge zurückgeführt. Bromuntersuchungen lassen keine feinstratigraphischen Horizontierungen zu. Ein Vergleich zwischen den Staßfurter und den Ascherslebener Steinsalzleitbänken zeigt weitgehende Übereinstimmung der Aufnahmen von I. KNAK, E. MIDDENDORF und I. LÖFFLER. Der Vergleich auf geochemischer Grundlage von U. MARR wird abgelehnt. In Tab. 1 wurde durch I. KNAK nicht berücksichtigt, daß die petrographische Ausbildung nicht als horizontbeständig gelten und somit nicht zur stratigraphischen Gliederung (z. B. Polyhalitregion, Kieseritregion) verwandt werden kann.

S. FLEISCHER beschreibt zunächst makroskopisch den Hauptanhydrit am Staßfurt—Egelner Sattel und gliedert ihn in Anlehnung an KOSMAHL (1956) in sechs Zonen. Diese Gliederung und die von E. BEHR hat W. JUNG (Geologie, H. 5, 1960) bereits an Hand der Diplomarbeiten ausgewertet.

Nach einer Auseinandersetzung mit der entsprechenden Literatur und auf Grund ihrer eigenen Untersuchungen kommt S. FLEISCHER zu dem Schluß, daß den „Anhydritklippen" vor allem tektonische Ursachen zugrunde liegen.

Der Arbeit von E. BEHR (als Diplomarbeit: E. GOLOMBOFSKI, im Literaturverzeichnis nicht erwähnt) liegt die gleiche Problemstellung wie bei S. FLEISCHER zugrunde. E. BEHR verzichtet jedoch auf die Ausscheidung der FLEISCHERschen Zone 4 als selbständige Zone (= diagonal gestreifte Zone mit 0,40 m Mächtigkeit), so daß dann die Zonen 4, 5 und 5, 6 wieder einander entsprechen.

E. BEHR betrachtet das Problem der Entstehung der „Anhydritklippen" für noch nicht restlos geklärt und hält neben tektonischen Ursachen primäre Mächtigkeitsunterschiede für möglich.

Die Literaturverzeichnisse aller drei Arbeiten entbehren leider sehr der notwendigen Genauigkeit, sowohl hinsichtlich der Vollständigkeit der angeführten Arbeiten und Jahresangaben als auch der richtigen Autornamen und Titel der Arbeiten. J. LÖFFLER

KITYK, W. U.

Salzfließen in den inneren Karpaten

Nowosti Neftjanoj Techniki, Geol., H. 6, 1960, S. 21—23

Die 2340 m tiefe Bohrung auf dem Erkundungsfeld Saluga in den inneren Karpaten durchteufte von 1495—1795 m Steinsalz mit vereinzelten Tonstein- und Schluffsteinlagen. Während des Bohrens konnte hier schon eine Verengung des Bohrlochs festgestellt werden. Ein Teil des Salzes wurde aber noch durch den Spülungsumlauf gelöst. Es wurde bis 1900,8 m eine 10″-Rohrtour eingebaut und bis 1680 m zementiert. Bereits 20 Tage später erfolgte bei 1607 m und kurz darauf auch bei 1695 m ein Zusammendrücken der Verrohrung. Nach Ausbeulen der Verrohrung wiederholte sich bald die Deformation der Kolonne. Dadurch ist es unmöglich geworden, die Bohrung bis zur projektierten Endteufe von 3000 m niederzubringen. Es wurde eine 5″-Tour eingebaut. Diese Deformationen lassen sich nur durch Salzfließen erklären. Die Geschwindigkeit des Salzes muß etwa 2,5 mm/Tag betragen haben.

Obwohl in Romny eine Bohrung bis 3500 m in den Salzstock niedergebracht wurde, in Poltawa und Radtschenkowo Bohrungen mit 3000 m Teufe und in Schebelinka mit 2500 m Teufe Salz durchteuften und in den Karpaten Salzbergwerke mit 100 × 30—35 m großen und ca. 100 Jahre alten Sälen bestehen, ist eine derartige Erscheinung noch nicht festgestellt worden. Der Autor erklärt diese Erscheinung mit der in Saluga herrschenden hohen Temperatur. Der geothermische Gradient beträgt hier im Mittel 4,2°/100 m und zuweilen bis zu 10°/100 m. So wurden in den Teufen 1500 m, 2000 m und 2320 m entsprechend die Temperaturen 97°, 108,5° und 123° gemessen. Die Temperatur des Salzes beträgt etwa 100°. F. WEGERT

WINOGRADOW, A. P.

Über die Ursachen des hohen Titangehaltes von Bauxiten (in Zusammenhang mit Fragen der Bauxitgenesis)

Isw. Akad. Nauk SSSR, Ser. geol., Moskau 1957, Nr. 4, S. 98—103

Sehr bemerkenswert an der Zusammensetzung von Bauxiten ist deren hoher Gehalt an Titan, der gewöhnlich 1—5%, in einigen Fällen sogar mehr als 20% beträgt. Gleichzeitig ist in Bauxiten oft die Konzentration von Be, Ga, Th, Zr, Hf, Nb, Ta und Fe gegenüber dem mittleren Gehalt in Gesteinen erhöht. Die geochemische Entwicklung dieser Elemente, die alle in der Zone der Hypergenese Niederschläge von Hydraten bilden, verläuft häufig parallel der Geochemie von Al.

Verf. stellt fest, daß diese geochemischen Besonderheiten sowie andere physikochemische Daten nicht mit der Auffassung übereinstimmen, nach der Bauxite durch chemische Ausfällung in marinen Bereichen entstanden sind. Es werden zunächst die Bedingungen diskutiert, die einen gemeinsamen Transport von Al und Ti durch Oberflächenwässer bei gleichzeitiger Abtrennung von den Hydraten des Eisens und des Siliziums bewirken würden. Der Autor kommt zu dem Schluß, daß ein derartiger Prozeß unmöglich ist.

Experimentell wird die Frage untersucht, ob durch das Einwirken von Humin- und Fulvosäuren bei der Gesteinsverwitterung eine relative Anreicherung von Ti gegenüber Si und Fe eintritt. Die Versuche zeigen, daß keine selektive Extraktion von Ti und ebenfalls keine Veränderung des Verhältnisses Al : Ti zugunsten des letzteren stattfinden. Als Ursache der Titananreicherung in Bauxiten kommt demnach nur eine Desilizierung des verwitternden Gesteins in Frage. e. h.

KRAJEWSKI, R.

Die Vererzung jurassischer Kalksteine im Gebiet von Hohensalza

„Kwartalnik Geologiczny", H. 2, 1957

Verf. beschäftigt sich mit dem Auftreten von Eisensulfiden — meist Pyrit — im Malm des Gebietes von Hohensalza. Pyrit tritt in zwei Formen auf:

1. als Konkretionen im Kimmeridge (Bononien),
2. als Imprägnationen im Oxford (Rauracien).

Die Vererzung mit Pyrit, zu der sich noch Zinkblende gesellt, ist in Mergeln und Kalken zu finden, besonders jedoch an Dolomite geknüpft. Die Dolomite treten nur in unmittelbarer Nachbarschaft der Salzstöcke auf. Die Pyritisierung ist territorial weiter verbreitet als die Dolomitisierung.

Die Vererzungserscheinungen dürften mit dem Salzkern in Verbindung zu bringen sein. Analoge Verhältnisse wurden durch I. LIETZ (1931) am Salzstock von Reitbrook beschrieben, wo in dolomitisierten kretazischen Kalken Gängchen mit Kalzit, Pyrit, Markasit, Bleiglanz und Zinkblende aufsitzen. Die Mineralisation verlief über Dolomitisierung und Kalzitisierung zur Vererzung. Ähnliche Vorkommen sind aus Louisiana und dem subkarpatischen Miozän bekannt. Hier wurden Eisensulfide durch Bitumina ausgefällt.

Bei Zusammentreffen mit schwefelwasserstoffhaltigen Wässern erfolgt zonal in Abhängigkeit von der Entfernung zum Salzstock eine Ausfällung von Cu_2S, PbS, ZnS und FeS. Am Salzstock von Hohensalza konnte nur die Zinkblende- und Pyritzone beobachtet werden.

Die Dolomitisierung wird mit der Auslaugung von Magnesiumsalzen und der darauffolgenden Metasomatose der benachbarten Kalke erklärt.

Die Vererzung stellt man in das Postrauracien. Mit Erzmengen von industrieller Bedeutung ist jedoch auf Grund der geringen Schwermetallgehalte der Salze nicht zu rechnen.

Abschließend legt Verf. dar, daß die Dolomitisierungen und Vererzungen auf bedeutende Auslaugungserscheinungen, speziell von Magnesium-Kalisalzen, hinweisen. Bc

KOTLJAR, W. N.

Über Magmenkomplexe und Vererzung

„Sowjetskaja geologija", Nr. 43, S. 61—70, Moskau 1955

Magmatogene Lagerstätten hängen genetisch häufig nicht nur mit einfachen Intrusionen, sondern mit der Entwicklung sog. Magmenkomplexe zusammen. Unterschieden werden intrusiv-metasomatische, intrusive, effusiv-intrusive und effusive Komplexe.

Magmenkomplexe auf präkambrischen Tafeln zeigen häufig enge Beziehungen zu Granitisierungs- und Migmatisierungserscheinungen. Während hier intrusiv-metasomatische Komplexe mit intensiver Tiefenmetamorphose weit verbreitet sind, treten Effusiva stark zurück. Charakteristisch sind Eisen, Mangan, Gold sowie Graphit und Pegmatite seltener Metalle.

In den Magmenkomplexen postkambrischer Geosynklinalzonen kommen die wechselnden geotektonischen Verhältnisse während der Entwicklung von Mobilzonen deutlich zum Ausdruck. Für prä- und frühkinematische Komplexe in initialen Senken und im Bereich von Tiefenbrüchen ist eine Abfolge von ultrabasischen und basischen Intrusionen mit Chromit, Platinmetallen sowie Kies- und Eisenerzen bis zu sauren Gesteinen bezeichnend. Sie entstehen meist in relativ geringen Tiefen, so daß auch subvulkanische Bildungen möglich sind. Während des Höhepunktes der Faltung entstehen die sog. synkinematischen Magmenkomplexe, die meist Antiklinalstrukturen zugeordnet sind und aus Batholithen, Lagergängen und Stöcken bestehen. Gewöhnlich handelt es sich um Granitgesteine, während Basite weitgehend zurücktreten; Hybridgesteine können mitunter recht bedeutend werden. Besonders mit den Spätphasen dieses Komplexes verknüpft sind Pegmatite seltener Metalle sowie Ganglagerstätten der Quarz-Kassiterit-, Quarz-Wolframit-, Quarz-Molybdänit-Formation usw. Im Bereich später Randsenken treten sog. spät- und postkinematische Magmenkomplexe mit vorwiegend Alkaligraniten und Alaskiten auf. Tektonik und lithologische Ausbildung der Nebengesteinsserien scheinen für die Vererzung von großer Bedeutung. Mit diesem Komplex in Beziehung stehen Polymetallerze, Gold-Silber-Vererzungen mit Telluriden, ferner Antimon-Quecksilber-Lagerstätten u. ä.

Postkambrische stabile Tafeln sind in Zusammenhang mit ihren spezifischen tektonischen und magmatischen Verhältnissen (Tiefenbrüche, Trappe) lagerstättenkundlich ebenfalls von Interesse. Kupfer-Nickel- und Hämatit-Magnetit-Lagerstätten stehen im Vordergrund.

Abschließend wird auf Fragen der sog. metallogenetischen Spezialisierung sowie über das Verhältnis zwischen Vererzung und Gängen bzw. kleinen Intrusionen eingegangen.

H.-J. Teschke

Onichimowski, W. W.

Zur Such- und Erkundungsmethodik von Zinnerzlagerstätten

„Raswedka i Ochrana Nedr.“, Nr. 9, 1960, S. 15–21

Verf. schildert ausführlich die Such- und Erkundungsmethodik auf Zinnerzlagerstätten, die an große, im Streichen weit aushaltende und steil einfallende Zerrüttungszonen geknüpft sind. Der Lagerstättentyp wird als turmalinführende Kassiterit-Sulfid-Formation bezeichnet. Die komplizierten Erzkörper mit oft „säulen- oder pilzartiger Form“ setzen innerhalb der mächtigen Zerrüttungszonen auf. Leider wird auf die Ausbildung der Erzkörper, die tektonischen Verhältnisse und ähnlich wichtige Kriterien sowie auf die Genesis der Lagerstätte nicht näher eingegangen, was eigentlich schon zur Begründung der angewandten Such- und Erkundungsmethodik zu erwarten wäre. Auch wenn aus diesem Grund eine gewisse Verallgemeinerung der angewandten Methodik nicht möglich erscheint, gibt die Arbeit doch zahlreiche wertvolle Hinweise, u. a. für den Ablauf der Such- und Erkundungsarbeiten sowie auf die rationelle Erkundungsdichte.

Durch die geologische Kartierung im Maßstab 1 : 50000 wurden zinnerzhöffige Gebiete ausgeschieden, in denen Sucharbeiten mit dem Ziel angesetzt wurden, die eigentlichen Mineralisationszonen nachzuweisen, zu umgrenzen und gleichzeitig eine Einschätzung für eine detaillierte Untersuchung zu geben. Im Stadium der Sucharbeiten wurden neben geologischer Detailkartierung (1 : 10000) vor allem Schlichuntersuchungen (Sicheranalyse), metallometrische Aufnahmen und geophysikalische Untersuchungen (Methode der mittleren Gradienten und Dipolmethode) angewandt. Auf der Grundlage der mit diesen Methoden erzielten Ergebnisse wurden dann umfangreiche Schürfarbeiten durchgeführt, die sehr eingehend behandelt werden. In den Schurfgräben erfolgte auch eine Bemusterung, die eine erste Einschätzung der industriellen Bedeutung der Lagerstätten erlaubte.

Die Erkundung erfolgte dann durch bergmännische Arbeiten im Stollenbetrieb sowie für die tieferen Teile der Lagerstätten durch Kernbohrungen. Daneben wurden einzelne „Struktursuchbohrungen“ in größere Tiefen niedergebracht. Von den streichenden Auffahrungen (Sohlenabstand 80 m) wurden zur Durchörterung der Erzzonen Querschläge im Abstand von 40 m getrieben, deren Länge je nach Mächtigkeit der Erzkörper zwischen 4–50 m liegt. Die Bohrungen wurden auf Profillinien im Abstand von 80 m angesetzt. Der Profilabstand betrug bei der Vorerkundung 320 m und wurde dann in vererzten Bereichen auf 160 bzw. 80 m verdichtet. Entsprechende Maßnahmen gewährleisteten einen Kerngewinn von mindestens 70%. In den Bohrlöchern wurden Neigungsmessungen sowie Gammamessungen zur Präzisierung der Gesteinsgrenzen durchgeführt.

Die rationelle Dichte des Erkundungsnetzes wird an Beispielen diskutiert. Der Autor kommt zu der Überzeugung, daß zur Berechnung von C_1-Vorräten der Aufschlußabstand verdoppelt werden kann.

Die Probenahme sowohl an den bergmännischen Aufschlüssen als auch an den Bohrkernen wird sehr ausführlich geschildert, wobei auch eine Gegenüberstellung von Schlamm- und Kernproben sowie eine Kontrolle der Bohrungen durch kleine querschlägige Grubenaufschlüsse erwähnt wird. An Sammelproben wird eine Bemusterung der Lagerstätten auf Nebenkomponenten wie Blei, Zink, Kupfer, Silber und seltene Elemente durchgeführt.

Zur technologischen Kennzeichnung des Rohstoffes wird eine spezielle Probenahme an Erzen mit einer für die Lagerstätte typischen stofflichen Zusammensetzung vorgenommen. Das hierzu erforderliche Material wird ebenfalls mittels Schlitzproben entnommen, die zu Kontrollzwecken unmittelbar neben die Bemusterungsschlitze gelegt werden.

Die Raumgewichtsbestimmung erfolgte sowohl nach den üblichen Feld- und Labormethoden als auch nach der Methode der Schwächung von Gammastrahlen.

Die Proben wurden zunächst spektralanalytisch auf Sn, W, Pb, Zn, Cu, Sb, As, V, Ag, In und Cd untersucht und erst bei höheren Gehalten eine chemisch-quantitative Analyse (bei Sn-Gehalten über 0,06%) durchgeführt.

Neben Zinn wurden auch für Blei, Zink und Kupfer die Vorräte berechnet. Die Vorratsberechnung der Nebenkomponenten, die keine selbständige industrielle Bedeutung besitzen, erfolgte im Rahmen der Zinnerzblöcke.

Abschließend wird betont, daß mit der angewendeten Such- und Erkundungsmethode innerhalb von drei Jahren ein ganzer Erzbezirk erkundet und eine Reihe neuer größerer Lagerstätten nachgewiesen werden konnten, wobei bei minimalem Aufwand eine komplexe Erforschung der Lagerstätten gewährleistet wurde. Die Erkundungskosten werden mit 617 Rubel (alter Währung) pro Tonne Zinn angegeben.

Kraft

Spelter, M.

Betrachtungen über die Braunkohlenerkundung durch Untersuchungsbohrungen im mitteldeutschen Raum

„Bergakademie“, Jg. 12 (1960), H. 2

Verf. schildert die Entwicklung der Untersuchungsbohrtätigkeit in Mitteldeutschland und bemerkt, daß bei älteren Bohrungen Herkunft und Bohrmethode zu beachten sind, da die Bohrergebnisse sehr unterschiedlichen Wert besitzen. Es sind u. a. Angaben über die Korngröße des rolligen Materials, Kalkgehalt und Wasserführung der Schichten nur selten zu finden. Wie durch spätere Kontrollbohrungen festgestellt wurde, sind geringmächtige Zwischenmittel oft überbohrt bzw. die Bohrungen in Zwischenmitteln oder nach Durchteufen der oberen Flöze eingestellt worden. Erst in späteren Jahren konnten durch tiefere Bohrungen ältere Flöze nachgewiesen werden. Bohransatzpunkte sind nur unter Vorbehalt zu übernehmen. Die Überprüfung des Deckgebirges und der Zwischenmittel auf Verwendungsmöglichkeiten für eine Rekultivierung von verkipptem Gelände bzw. auf die Eignung als Rohstoffquelle für die übrige Industrie erfordern auch heute noch eine wesentliche Verbesserung der geologischen Aufnahme. Eine systematische Ergänzungsabbohrung der Braunkohlenfelder erfolgt seit 1952 im Quadratnetzverfahren. Verf. zeigt die Entwicklung der Abbohrungsreihen auf und stellt als Beispiel einer systematischen Abbohrung das Tagebaufeld Espenhain dar. Abschließend werden die Leistungen verschiedener Bohrgeräte und der durchschnittliche Bohrmeterpreis behandelt sowie Berechnungen über die Belastung der Kohle durch Untersuchungsbohrungen durchgeführt.

—D—

Grantham, D. R.

Kimberlite in Sierra Leone

Overseas Geol. and Mineral Res., Jg. 8, Nr. 1, S. 6–25, London 1960

1948 wurde das Herkunftsgebiet des 1930 in alluvialen Schichten von Sierra Leone (Zentralafrika) entdeckten Diamantvorkommens gefunden. Südöstlich von Sefadu treten in einer Zone von 12 Meilen Länge und 2 Meilen Breite Gänge mit tonigem, Diamanten lieferndem Material von gestaffelter Anordnung und einer Breite von weniger als 1 Zoll bis zu mehreren Fuß auf. Der Verf., der das Vorkommen geologisch und petrographisch analysierte, stellte fest, daß das nicht verunreinigte Material dieser schmalen Gänge nach Textur, Chemismus und mineralischer Zusammensetzung dem der Kimberlit-Gänge von Südafrika vergleichbar ist und daß es sich, den Diamanten wie auch den Einschlüssen von granatführendem Serpentin und Eklogit nach, um echte Kimberlit-Gänge handelt. Alle Stufen der Vermischung des granitischen Nebengesteins mit Kimberlit kommen vor. Wegen der erheblichen Verwitterung konnten nur aus Bohrkernen geeignete Stücke für die petrographische Untersuchung gewonnen werden. Ein beträchtlicher Teil der Diamanten zeigt Fremdeinhüllungen, aber jede Übergangsform zwischen klaren und überzogenen Steinen ist vorhanden. Die überzogenen Diamanten sind meist symmetrisch, während die reinen ausgesprochen unsymmetrisch ausgebildet sind. Morphologisch herrschen bei beiden Arten das Oktaeder und seine Modifikationen vor. Beide Arten zeigen auch an abgeschliffenen oder durch Wasser beschädigten Ecken und Kanten ein Neuwachsen von reinen Diamanten. Vor Beendigung der Kristallisation müssen in der Tiefe erhebliche Zerbrechungen stattgefunden haben. Die morphologische Untersuchung ergab, daß die verschiedenen Größen der Steine nicht mit besonderen Struktur- und Oberflächenformen verbunden sind und daß kein besonderer morphologischer Typ auf spezielle physiko-chemische Vorgänge in der Umgebung zurückgeführt werden kann. Die Arbeit liefert einen Beitrag zu den Fragen der Genese und des Wachsens von Diamanten.

HAVEMANN

BENEO, E.

Petroleum Exploration in Southern Italy

V. Welterdölkongreß, New York 1959, Section I — Paper 53

Süditalien besteht aus drei longitudinalen Zonen: den Apenninen im Westen, der Gargano-Murge-Zone im Osten und einem zwischengelagerten Flyschbecken. Der Flysch, obermiozänen bis pliozänen Alters, besteht aus Ablagerungen von Trübeströmen und Olistostromen. Er enthält zwar zuweilen etwas Gas, das aus unterlagernden Schichten stammen dürfte, ist aber wenig porös und erdölgeologisch von zweitrangiger Bedeutung. Wichtiger sind die Strukturen der Gesteine der Trias bis Miozän unter dem Flysch, zumal in den Apenninen zahlreiche Erdölanzeichen bekannt sind. Da der Flysch bis über 3000 m mächtig werden kann, müssen Gebiete mit hochliegendem Beckenuntergrund ausgewählt werden. In zwei Bohrungen wurde in miozänen Kalksteinen Öl angetroffen.

MEINHOLD

MAKARENKO, M. W.

Über das Testen von Bohrungen durch Ablenkungsbohrungen

„Nowosti Neftjanoj Techniki", Ser. Geol., H. 5, 1960, S. 24—25

Erdölfelder, in denen neben einem sehr produktiven Horizont mehrere andere erdölführende Horizonte vorhanden sind, rufen bei ihrer Erkundung bestimmte Schwierigkeiten hervor. Das ist dadurch bedingt, daß das Testen während des Bohrprozesses durch Schichtprüfer nicht immer eindeutige Ergebnisse bringt und nach dem Verrohren die Bohrung bekanntlich von unten nach oben getestet wird, d. h. aber, wenn aus dem unteren Horizont ein industrieller Erdölzufluß erhalten wird, werden die oberen nicht mehr getestet, ihre Erkundung zieht sich hinaus und wird durch das Abteufen neuer Erkundungsbohrungen verteuert. Der Autor schlägt zur Umgehung dieser Schwierigkeiten vor, die anderen Horizonte durch Ablenkungsbohrungen zu testen. Etwa 100—200 m vor Erbohren des interessierenden Horizonts wird eine Ablenkung in beliebiger Richtung von 8—15° gebohrt. Geophysikalische Messungen und Kernentnahme werden wie im übrigen Bohrloch durchgeführt. Nachdem eine verlorene Rohrtour gesetzt und getestet wurde, setzt man im Bereich der beginnenden Neigung des Bohrloches eine Zementbrücke und bohrt dann von dort aus senkrecht weiter. Beim Testen des nächsten Horizonts kann dann wieder in der gleichen Weise verfahren werden. Neben Kosten- und Zeiteinsparungen bei der Erkundung des gesamten Erdölfeldes hat man den Vorteil, daß man die höffigen Horizonte zweimal durchbohrt und beim zweiten Mal noch nach dem Test und der Bohrlochmessung Kerne aus ihnen entnommen werden können.

F. WEGERT

LATKO, T. D., G. A. MATAJEW & L. B. ISMAILOW

Geologische Besonderheiten beim Erbohren von klüftigen Kalksteinen und das Testen der Sonden

„Geologija Nefti i Gasa", Nr. 5, 1960

Verf. geben einen Überblick über die auf dem Feld Selli (östlicher Vorkaukasus) angewendeten Testmethoden und davon ausgehend geologisch-technische Empfehlungen für die Verbesserung der auf Karbonatspeicher niedergebrachten Sonden. Bei den vorgeschlagenen Methoden bleiben die natürlichen lithologisch-physikalischen Eigenschaften und die Permeabilität der klüftigen Speicher erhalten.

In der Anfangsperiode des Abbaus des Feldes Selli wurde die gesamte Bohrung verrohrt. Der untere Teil der Rohrtour bestand aus einem netzartigen Filter. Zementiert wurde diese Rohrtour oberhalb des Speichers mit Hilfe der Manschettenzementierung. Aber diese Methode garantierte keine sichere Isolierung der Spalten des produktiven Horizontes. Der Zement brach durch die Manschetten und das Ventil. Außerdem erschwert das verrohrte Bohrloch Maßnahmen zur Steigerung der Ölabgabe, wie Säurebehandlung, hydraulisches Sprengen und Torpedieren, da immer die Gefahr der Verletzung der Rohrtour besteht. Auch durch Anwendung anderer Verfahren mit verrohrten Sonden waren die Ergebnisse nicht günstiger. Beim Absetzen der Rohre bedeutend über dem Speicherhorizont wurde eine schlechte Isolation der wasserführenden Eozänschichten erreicht. Beim früheren Einbauen der Rohre und weiterem Bohren mit geringerem Durchmesser wurde infolge des kleineren Durchmessers die Dränagefläche der Schicht kleiner, und der Zufluß nahm ab. Außerdem werden die Verrohrung durch das weitere Bohren mit einem $3^1/_2$"-Gestänge beschädigt und die Zementierung geschwächt.

Bei einem neu ausgearbeiteten Verfahren wurden eine zeitweilige Isolierung des produktiven Horizontes und ein sicherer Schutz vor dem Eindringen der Zementbrühe durch das Einspülen eines Sandpfropfens erreicht. Die Rohre werden hierbei etwa 3—5 m unterhalb der Oberkante der Oberkreide abgesetzt. Nach Beendigung der Bohrarbeiten wird die Tonspülung durch Wasser ersetzt, wobei der Sand wieder ausgespült und ein Zufluß von Erdöl erreicht wird. Teilweise findet auch die Kompressormethode Anwendung. In solchen Sonden sind ohne Schwierigkeiten Säurebehandlung, Torpedierung und hydraulisches Sprengen möglich.

N. WEGERT

HENDERSON, G.

Air-Photo lineaments in Mpanda-Area, Western Province, Tanganjika, Africa

Bull. A A P G, Vol. 44 (1960), Nr. 1, S. 53—71

In dieser Arbeit wird der interessante Versuch unternommen, Linearitäten in Luftfotos (Vegetation, Vegetationsänderungen, Brüche, topographische Merkmale, Flußläufe, Verwitterungsformen u. a.) statistisch auszuwerten und zur Lösung tektonischer Fragen zu verwenden. Die Ermittlung der Dichteverteilung solcher Strukturen auf der Fläche ergab Anomalien, die von der Dicke der Bodenbedeckung und von den Strukturen abhängig sein könnten. Auch einige große Bruchzonen kommen gut als bevorzugte Richtungen heraus. Im übrigen zeigt aber die Richtungsverteilung ein diffuses Bild, so daß weitere strukturelle Züge nicht ausgesondert werden können. Zwischen entblößtem Grundgebirge und Sedimentbecken zeigt sich ebenfalls kein Unterschied.

MEINHOLD

MÁTÉ, F.

Zur Frage der Klassifikation der Böden nach der Fruchtbarkeit (Bonitation)

„Agrokémia és Talajtan", Budapest, Jg. 9 (1960), Nr. 3, S. 419—426

Verf. stellt fest, daß der Boden — die unter Einfluß der verschiedenen bodenbildenden Faktoren umgewandelte Verwitterungsschicht der Erdoberfläche — wohl ein besonderes Naturgebilde, in der Landwirtschaft aber gleichzeitig auch Produktionsmittel darstellt und eben deshalb dieser zweifache Charakter auch bei der Bodenklassifikation zu berücksichtigen ist. Außer einem allgemeinen, naturwissenschaftlichen System der Bodenklassifikation — mit dem die genetischen Bodentypen unterschieden werden — ist auch ein künstliches Klassifikationssystem nötig, bei dem die Böden nach ihrer effektiven Fruchtbarkeit für die einzelnen Pflanzenkulturen eingeordnet werden. Das künstliche Klassifikationssystem ist auf der genetischen Bodenklassifikation aufzubauen, da die genetischen Bodentypen die bezeichnenden Bodenprozesse, die ganze Dynamik der Böden, kurz, all die Erscheinungen umfassen, die schließlich auch die Bodenfruchtbarkeit bedingen. Es erscheint zweckmäßig, die Bodenfruchtbarkeit mit Kennziffern der vieljährigen Durchschnittserträge der wichtigsten Pflanzenkulturen zu charakterisieren, wobei die Landesdurchschnittserträge die Bezugsbasis bilden können.

E.

MAŘAN, B.

Die Bekämpfung der Wassererosion in der ČSSR

Internationale Zeitschrift der Landwirtschaft, Sofia, Jg. 2 (1960), S. 47—57

Das durch Wassererosion bedrohte Gebiet der ČSSR wird mit 2937000 ha angegeben; 1790000 ha unterliegen der Winderosion. Die durch Wasser erodierte Bodenmenge beträgt etwa 1,8 Mill. t/a. Unter den Verhältnissen der ČSSR beträgt für die Erosion das Grenzgefälle $> 8{,}7\%$. Rinnsal- und Furchenerosionen auf dem Ackerland treten in den Gefällstufen von 14,1 bis 17,6% auf. Hier liegt die Grenze, von der ab agrotechnische und biologische Maßnahmen auf wenig stabilen Gesteinsböden durch technische, erosionsbekämpfende Bauwerke ergänzt werden müssen. 26,8% sind die absolut obere Grenze für die Nutzung als Acker. Wiesen oder Weiden sind bis zu einem gewissen Gefälle von 48,6% möglich. Darüber hinaus ist nur eine Waldnutzung gegeben. Sie vermindert den Oberflächenabfluß um das 10- bis 70fache im Vergleich zu landwirtschaftlich genutzten Flächen. Besondere Vorteile bieten Mischwälder. E.

SCHUBACH, K.

Wieviel Niederschlag versickert im Boden?

Mitt. d. DLG, H. 38, S. 1156, Hannover 1960

In dem Beitrag werden die Ergebnisse der in der Zeit von Oktober 1947 bis September 1959 durchgeführten zahlreichen Lysimeteruntersuchungen auf Sand-, Löß- sowie humosem Boden mitgeteilt und ausgewertet. Es zeigte sich u. a., daß in den Winterhalbjahren die Sickerwassermenge in 2 m Tiefe in Sand 93%, in humosem Boden 70% und in Löß 56% des Niederschlags betrug. Natürlicherweise bestehen zwischen feuchten, mittleren und trocknen Wintern beträchtliche Schwankungen. 1953/1954 z. B., einem sehr trockenen Winterhalbjahr, sind nur Sickerungen von 140 mm in Sand und 11 mm in Löß zu verzeichnen, gegenüber 256 mm bzw. 175 mm im nassen Winterhalbjahr 1947/1948.

Wenn einem niederschlagsreichen Winter ein entsprechend regenreicher Sommer folgt, steigen die Sickerwassermengen selbstverständlich noch mehr an. Das war z. B. 1950/1951 der Fall, als die entsprechenden Werte in Sand auf 317 und in Löß auf 254 mm anstiegen.

Im Sommer sind die Sickerwassermengen merklich geringer, betragen aber im Mittel immer noch in Sand bis zu 55%, in humosem Boden bis zu 26% und in Löß bis zu 7% der Niederschlagsmenge. Ein wesentlicher Rückgang der Sickerwassermengen ist in den Monaten April und Mai festzustellen, während auch in den Monaten Juni bis August nur minimale Sickerungen auftreten.

Es werden des weiteren Ergebnisse von Sickerversuchen in Gelände ohne wesentlichen Bewuchs und mit Grasbestand mitgeteilt. So betrug z. B. die Sickerwassermenge in Lößboden mit Grasbewuchs im Winterhalbjahr 46% und im Sommerhalbjahr 6% der Niederschlagsmenge gegenüber 60% und 92% auf den unbewachsenen Vergleichsflächen.

He.

Neuerscheinungen und Literaturhinweise

TUGARINOW, A. I.

Über die Methoden zur Bestimmung des absoluten Alters der Gesteine

Gosgeoltechisdat, Moskau 1961. — 72 S.

AGADSCHANOW, M. A.

Erdölgeologie

Moskau 1958. — 414 S.

TSCHACHINACHTEW, A. G.

Suche, Gewinnung und Vorräte von Erdöl im Ausland

Moskau 1960. — 58 S.

MURAWJEWA, I. M.

Nachschlagewerk für die Erdölförderung, Teil II

Moskau 1959. — 589 S.

DNEPROW, W. S.

Erdöllagerstätten und Fehler der Erkundung im Erdölgebiet von Embenskoje

Leningrad 1959. — 274 S.

BORODKIN, B. I.

Analyse der betriebswirtschaftlichen Tätigkeit in der Erdöl- und Erdgasverarbeitung

Moskau 1960. — 174 S.

High flux magnets assist borehole drilling

Min. J., Nr. 6543, 1961, S. 43

GOVETT, G. J. S.

Seasonal variation in the copper concentration in drainage systems in Northern Rhodesia

Trans. Instn. Min. Met., Jg. 70 (1960/61), Nr. 650, S. 177—189

Forderungen der Industrie an die Qualität mineralischer Rohstoffe

7. Folge: Quarz, Sandstein, Gangquarz; 10. Folge: Kalkstein; 20. Folge: Dolomit; 28. Folge: Wismut; 39. Folge: Zinn; 40. Folge: Magnesit

Gosgeoltechisdat, Moskau 1961

Nachrichten und Informationen

Erdöl/Erdgas

Vor dem 6. Welterdölkongreß

Nach einem Bericht von O. ZAEPKE („Erdöl und Kohle, Erdgas, Petrochemie", S. 85—86, 1961) über die Organisation des 6. Welterdölkongresses, der vom 19.—26. Juni 1963 stattfinden soll, werden 240 Fachvorträge (1959 waren es in New York 282) zugelassen. Es soll aber nur über 120 Vorträge diskutiert werden. Die Zahl der Vortragsanmeldungen wurde für 212 Vorträge bereits festgelegt; davon entfallen 67 auf die USA, 24 auf Frankreich, je 23 auf Großbritannien und Deutschland, 19 auf die Sowjetunion, 16 auf Italien, 15 auf die Niederlande, 8 auf Kanada, 6 auf Venezuela, 5 auf Österreich, 4 auf Belgien und je 2 auf Mexiko und Iran. Auf die Anglo-Amerikaner und ihre Anhänger kommen etwa 158 Vorträge; 8 Vorträge bleiben noch offen für die Nationen, die aus wissenschaftlichen Fachvereinigungen in ihrem Lande ein Nationalkomitee für den 6. Welterdölkongreß bilden können. Jede dieser Nationen darf einen Fachvortrag einreichen, also z. B. Rumänien, China, Indien, Indonesien, Japan, Pakistan, Saudi-Arabien, Irak, Nigeria, Ägypten, Syrien und viele andere an der Erdölförderung und am Verbrauch von Erdölprodukten interessierte Länder.

An Stelle der 10 Sektionen des 5. Welterdölkongresses in New York werden diesmal nur 8 Sektionen gebildet, von denen die Sektionen 1 „Geophysik und Geologie", 2 „Bohren und Produktion", 3 „Verfahrenstechnik der Erdgas- und Erdölverarbeitung" und 6 „Anwendung von Erdöl- und Erdgaserzeugnissen" von besonderem Interesse für die Erdölgeologen sein dürften.

Die offiziellen Kongreßsprachen sind Englisch und Französisch. Die von deutscher Seite vorgelegten Vorträge müssen in einer der beiden Kongreßsprachen abgefaßt werden. In deutscher Sprache werden sie nur im Kongreßheft des Organs der Deutschen Gesellschaft für Mineralölwissenschaft und Kohlechemie erscheinen.

Das Komitee, das die Finanzen des Kongresses regeln wird, steht unter der Leitung je eines Direktors der Deutschen und der Dresdner Bank. Im Deutschen Organisationskomitee gibt neben Bergassessor a. D. Dr.-Ing. G. SCHLICHT, Generaldirektor der Deutschen Erdöl AG, Prof. Dr. Dr. E. h. A. BENTZ den fachlichen und politischen Ausschlag. E.

Das „Öl-Zeitalter"

Der Wirtschaftsexperte W. I. LEVY hat in einem Vortrag [vgl. „World Petroleum", Bd. 31 (1960), Nr. 6, S. 47—48] die Aussichten der Erdölindustrie dargelegt. Er sagte voraus, daß die wirtschaftliche Entwicklung in den nächsten Jahrzehnten, sowohl in den Industrieländern als auch in den unterentwickelten Ländern, einen steilen Aufstieg nehmen wird. Der Ölverbrauch steigt nach seiner Ansicht von augenblicklich 2,5 Mill. t/Tag auf 4,5 Mill. t im Jahre 1970. Allerdings wird auch dann noch der Verbrauch in Europa nur $^1/_3$ des nordamerikanischen sein, in Lateinamerika $^1/_8$ und in den übrigen Ländern der östlichen Hemisphäre $^1/_{20}$. In Nordamerika soll sich der tägliche Verbrauch zwischen 1960 und 1970 von 1,5 Mill. t auf 2,2 Mill. t erhöhen, das entspricht einer jährlichen Zuwachsrate von 3,4%. In Westeuropa wird der Verbrauch von 0,55 Mill. t/Tag auf

1,02 Mill. t/Tag anwachsen (Zuwachsrate 7,1%). Für Lateinamerika nimmt man eine Zuwachsrate von 8,3% an (0,25 Mill. t auf 0,52 Mill. t/Tag), für Asien, Afrika, Ozeanien eine solche von 8,7%.

Die Ölversorgung wird folgendermaßen beurteilt: Die Produktion in Nordamerika steigt bis 1970 auf 1,4 Mill. t/Tag an (Zuwachsrate 1,1%, 1950 bis 1960: 4,9%). Daher entsteht 1970 ein Einfuhrbedarf von 34%. In Venezuela wird die Produktion künstlich niedergehalten; in den anderen Ländern Lateinamerikas wird sie aber steiler ansteigen, so daß insgesamt bei 3,2% Zuwachsrate pro Jahr 1970 0,72 Mill. t pro Tag erzeugt werden (Zuwachsrate 1950 bis 1960: 6,3%). In der östlichen Hemisphäre steigt besonders die Produktion in Nordafrika steil an, die Zuwachsrate des ganzen Gebietes wird mit 9,2% veranschlagt (1,3 Mill. t/Tag im Jahre 1970). Das nordafrikanische Öl wird die Preise stark drücken und das venezolanische Öl weniger wettbewerbsfähig machen. Für die Sowjetunion werden die Planzahlen für 1965 gegeben, sie betragen dann 0,7 Mill. t/Tag. Das gesamte geförderte Öl wird vermutlich in der aufstrebenden Wirtschaft der UdSSR selbst verbraucht werden. Die bis jetzt bekannten Reserven der ganzen Welt reichen aus, allen Anforderungen des „Öl-Zeitalters" bis 1970 zu genügen. MEINHOLD

Westdeutsche Erdölförderung 1960

Nach Mitteilungen des westdeutschen Wirtschaftsverbandes „Erdölgewinnung" wurden 1960 in Westdeutschland 5529892 t Erdöl gefördert, davon entfallen auf die einzelnen Erdölgebiete folgende Mengen (aufgerundet in Mill. t):

Hannover	2,0
Emsland	1,4
Weser–Ems	1,3
Holstein–Hamburg	0,49
Oberrheintal	0,21
Alpenvorland	0,14

Ende 1960 produzierten in Westdeutschland 98 Ölfelder. Während sich in den Jahren 1957–1959 die Förderung jeweils um 11 bis 15% erhöhte, betrug die Zuwachsrate 1960 gegenüber 1959 nur 8,4%. —ul—

Erdgasversorgung von Bielefeld

Ab November dieses Jahres läuft die Versorgung mit Methangas in den nördlichen Stadtbezirken Bielefelds an. Man rechnet, daß die gesamte Umstellung von Stadtgas auf Erdgas in zwei Jahren durchgeführt sein wird. Das Gas (88% Methan, 10% Stickstoff, 1,2% andere Kohlenwasserstoffe, 0,8% Kohlendioxyd; 8700 kcal/m^3) wird aus den Feldern bei Goldenstedt in Südoldenburg über eine 90 km lange Leitung geliefert werden. Das Rohgas hat am Sondenkopf einen Druck von 400 atü, wird mit 60 atü durch die Leitung geschleust, und am Endpunkt wird der Druck auf 1,5 atü herabgesetzt.

Das Gas hat keinen Eigengeruch, die Stadtwerke setzen ihm deshalb einen Geruchsstoff zu. Etwa 80000 Hausgeräte werden von den Stadtwerken umgestellt; während des Umbaus der Geräte werden Leihgeräte zur Verfügung gestellt. Die Haushaltstarife sollen um 5% gesenkt werden. Der Heizgastarif wird so niedrig gehalten, daß das Methan mit Koks und Heizöl wettbewerbsfähig ist. Bielefeld verbraucht z. Z. etwa 50 Mill. m^3 Stadtgas pro Jahr. L.

Die Erdölproduktion Rumäniens

Im Jahre 1959 erreichte die Erdölproduktion der Volksrepublik Rumänien 11457000 t. Während des ersten Fünfjahrplans verdoppelte sich die Erdölförderung bis 1955 auf 10575000 t. Bis 1965, dem letzten Jahr des Sechsjahrplans, soll sie auf 12,2 Mill. t ansteigen. Weiterhin sind eine Steigerung der durchschnittlichen Bohrgeschwindigkeit um 40%, die Vermeidung unnötiger Stillstandszeiten, der Ersatz von veralteten Ausrüstungen und die Gaseinpressung vorgesehen. Bis 1965 sollen 70% aller Bohrleistungen durch Turbobohranlagen erfolgen.

Die im Land vorhandenen Raffinerien mit einer Durchsatzkapazität von ca. 12 Mill. t und einer Dampfdruckkapazität von 4 Mill. t jährlich sollen im Sechsjahrplan modernisiert werden, wobei die Errichtung von Katalyse- und Umformkapazitäten vorgesehen ist. He.

Die Erdölvorkommen Libyens

In den letzten fünf Jahren sind in Libyen dreizehn Erdöl- und fünf Erdgaslagerstätten erschlossen worden. Sobald die erforderlichen Pipelines für den Transport zum Mittelmeer fertiggestellt sind, soll das Rohöl zum größten Teil exportiert werden. 63 produktive Bohrungen, aus denen zur Zeit nicht gefördert wird, sollen dann täglich 115,171 barrels Rohöl liefern.

An der Erschließung der Lagerstätten sind überwiegend die „Esso Lybia" und die „Oasis Oil Co." beteiligt. Die „Esso Lybia", die bei Zelten das ergiebigste der Ölfelder erkundete, dürfte Ende 1961 mindestens 50000 barrels täglich fördern können. Die Pipeline von Zelten nach Marsa el Brega an der Küste soll in sechs Monaten fertiggestellt sein und dann bis zu 150000 barrels täglich befördern können. Auch die „Oasis Oil Co." legt eine 85 Meilen lange Pipeline vom Dahra-Feld nach Es Sider an der tripolitanischen Küste. Sie soll eine Spitzenleistung von 300000 barrels täglich erreichen. Ha.

Kohle

Steinkohlenförderung der Welt

Nach „Eisen- und Stahlstatistik", Beilage zum Statistischen Vierteljahresheft Oktober bis Dezember 1960, herausgegeben im März 1961 vom „Statistischen Bundesamt Außenstelle Düsseldorf", betrug die Steinkohlenförderung der Welt 1960 rd. 1956 Mill. t, das sind rd. 4,5% mehr als 1959. Die Förderung je Kopf der Gesamtbevölkerung der Erde stieg von 641 kg im Jahre 1959 auf 656 kg im Jahre 1960 an, das ist ein Zuwachs von 2,3%. An der Spitze der Jahresförderung liegt die Volksrepublik China mit rd. 410 Mill. t Steinkohle.

Die Tabelle gibt eine Übersicht über die Steinkohlenförderung in einzelnen Ländern der Erde sowie die Pro-Kopf-Förderung und den Anteil an der Weltförderung.

Die DDR liegt mit 2,69 Mill. t Steinkohle in der Förderung des Jahres 1960 an 22. Stelle in der Welt. Die Förderung pro Kopf der Bevölkerung betrug 1960 156 kg. Die DDR hat zur Zeit einen Anteil von 0,14% an der Weltsteinkohlenförderung.

Die Steinkohlenförderung betrug 1960 auf den einzelnen Kontinenten:

Europa (ohne UdSSR): rd. 591,3 Mill. t (= 30,23% der Weltförderung)

Asien (einschl. UdSSR): rd. 893,4 Mill. t (= 45,68% der Weltförderung)

Steinkohlenförderung der Welt 1958–1960

Land	Jahresförderung in 1000 t			Förderung je Kopf der Bevölkerung in kg			Anteil an der Weltförderung in %		
	1958	1959	1960	1958	1959	1960	1958	1959	1960
1. VR China	270000	335000	410000	420	501	596	14,84	17,89	20,96
2. USA	389592	387234	388800	2229	2179	2141	21,41	20,67	19,88
3. UdSSR	352990	365172	369850	1705	1749	1753	19,40	19,50	18,91
4. Großbritannien	222502	209468	196825	4305	4029	3764	12,23	11,18	10,06
5. Westdeutschland	149005	141812	142287	2594	2427	2671	7,28	6,71	7,27
6. VR Polen	94981	99107	102780	3300	3387	3456	5.22	5,29	5,25
7. Frankreich	57721	57606	55961	1295	1277	1227	3,17	3,08	2,86
8. Indien	46066	47784	51600	116	119	126	2,53	2,55	2,64
9. Japan	49674	47259	49700	493	506	531	2,73	2,52	2,54
10. Südafrik. Union	37085	36456	38185	2572	2485	2558	2,04	1,95	1,95
11. ČSSR	25812	26505	27600	1916	1955	2023	1,42	1,42	1,41
12. Belgien	27062	22757	22458	2989	2500	2453	1,49	1,22	1,15
13. Australien	20723	20628	22320	2105	2050	2171	1,14	1,10	1,14
14. Spanien	14424	13609	13560	486	455	450	0,79	0,73	0,69
15. Niederlande	11880	11978	12498	1062	1056	1089	0,65	0,64	0,64
16. Kanada	8558	7851	7740	502	450	434	0,47	0,42	0,40
17. Südkorea	2671	4136	5280	115	173	215	0,15	0,22	0,27
18. VR Rumänien	3906	4200	4200	216	230	228	0,21	0,22	0,21
19. Türkei	4064	3931	3620	155	146	130	0,22	0,21	0,19
20. Südrhodesien	3535	3759	3585	1211	1253	1168	0,20	0,19	0,18

Amerika: rd. 404,5 Mill. t (= 20,68% der Weltförderung)
Afrika: rd. 43, 2 Mill. t (= 2,21% der Weltförderung)
Australien: rd. 23,2 Mill. t (= 1,18% der Weltförderung)

—ul—

Die Braunkohlenförderung in einigen Ländern

1960 wurden in der Welt rd. 22 Mill. t mehr Braunkohlen gefördert als im Vorjahre, davon rd. 10 Mill. t in der DDR. Die Zuwachsrate betrug 3,5% gegenüber nur 0,6 % im Jahre 1959. Die Gesamtförderung ist in den zehn Jahren von 1951 bis 1960 von 381,5 Mill. t um fast 69 % auf 643,3 Mill. t gestiegen. Die Braunkohle ist hauptsächlich für die europäischen Länder von Bedeutung, wenn auch ihr Förderanteil in den genannten zehn Jahren leicht zurückgegangen ist: von 76,6 auf 73,7%.

Braunkohlenförderung in Mill. metr. t

	1951	1958	1959	1960
DDR	151,25	214,97	214,80	225,0
ČSSR	30,17	56,84	53,70	56,4
Ungarn	13,65	21,62	22,61	23,4
Bulgarien	6,22	12,35	14,84	16,1
Polen	4,90	7,54	9,26	9,3
Jugoslawien	11,05	17,88	19,81	21,5
UdSSR	79,50	143,00	144,10	143,0
Westdeutschland	84,80	95,26	95,21	'97,5
Australien	7,96	11,83	13,18	15,0

(Nach „Glückauf", H. 6, 1961)

Ha.

Erze

Eisenerze in Argentinien

Im Gebiet von Sierra Grande, etwa 150 km vom Seehafen Puerto Madryn entfernt, wurden drei Eisenerzlager festgestellt, die eine durchschnittliche Mächtigkeit von 6 m haben. Die Eisenerze enthalten im Mittel 55% Fe und 1,3% P. Bisher wurden 24 Mill. t nachgewiesen. Die prognostischen Vorräte in diesem Gebiet werden auf 200 Mill. t geschätzt. Ein Teil der Erze kann im Tagebau abgebaut werden.

Mit diesen Eisenerzvorkommen besteht die Möglichkeit, die bisher nicht besonders günstigen Voraussetzungen zur Errichtung einer Hütteninindustrie auf der Grundlage einheimischer Rohstoffe etwas zu bessern. Die bisher festgestellten Erzvorkommen liegen von den im Lande vorhandenen Verbrauchszentren zu weit entfernt. Außerdem fehlt in Argentinien eine zur Verkokung geeignete Kohle. Die Hütte „Altos Hornos de Zapla" im Norden Argentiniens arbeitet als einzige Hütte auf einer heimischen Rohstoffbasis. In nächster Nähe der Hütte wurden etwa 100 Mill. t Eisenerz festgestellt mit durchschnittlichen Fe-Gehalten von 46%. Die Erze werden in Hochöfen mit Holzkohle verhüttet, die aus dem Holz besonders zu diesem Zwecke angepflanzter Eukalyptus-Wälder gewonnen wird. Die Hütte wird 1962 etwa 165000 t Roheisen erzeugen, das sind knapp 4% des Gesamtbedarfs an Roheisen. Die Hütte der SOMISA in San Nicolás, die jährlich etwa 600000 t Roheisen erzeugt, arbeitet ausschließlich auf der Basis von Importkoks und -eisenerz.

Die Jahresförderung an Eisenerzen mit durchschnittlich 48% Fe betrug 1960 70000 t, das ist eine Förderung von 3 kg/Kopf der Bevölkerung. Der Anteil der argentinischen Eisenerzförderung an der Weltförderung betrug 1960 0,01%.

—ul—

Die Kupfervorkommen in Polen

Mit den beträchtlichen Kupfererzvorkommen, die vor etwa zwei Jahren u. a. bei Lubin nahe Legnica (Liegnitz) nachgewiesen wurden, rückt die Volksrepublik Polen nach den USA, der UdSSR, Rhodesien, Chile und Kongo an die sechste Stelle der kupferproduzierenden Länder. Bei Lubin wurden auch neue große Braunkohlenlagerstätten entdeckt. Durch den Kupferbergbau an der gleichen Stelle wird die Erschließung der ziemlich tief liegenden Flöze begünstigt. Die Kupfererzförderung soll von 9 Mill. t bis 1970 auf 44 Mill. t jährlich ansteigen.

E. Siegmund

Sonstiges

Verfahren und Vorrichtung zur Ausmerzung von registrierten multiplen Reflexionen in der angewandten Seismik

In der Praxis der Reflexionsseismik treten meist keine klar voneinander getrennten reellen und multiplen Reflexionen auf, sondern Überlagerungen dieser beiden Typen, wodurch die Unterscheidung erheblich erschwert, wenn nicht unmöglich gemacht wird.

Die heutige Technik der reproduzierbaren Registrierung von Seismogrammen, insbesondere die Magnetbandaufnahme, gestattet es zwar, häufig multiple und reelle Reflexionen voneinander zu trennen, aber nicht immer führen diese bekannten Verfahren zum Ziel.

Im folgenden soll nun ein Gerät beschrieben werden, mit dem es möglich ist, Seismogramme herzustellen, auf denen störende multiple Reflexionen weitgehend ausgelöscht sind. Hierbei wird davon ausgegangen, daß multiple Reflexionen meist von einigen wenigen stark reflektierenden Horizonten — kurz „Multipelmacher" — erzeugt werden und dabei folgenden Strahlengang aufweisen: Schuß–Horizont A–Erdoberfläche–Horizont B–Geophon. Mindestens einer der beiden Horizonte A und B soll hierbei ein „Multipelmacher" sein.

Man kann dann von einer ungeregelten oder nach einem Exponentialgesetz geregelten reproduzierbaren Seismogrammaufzeichnung S(T) ausgehen und durch Umspielen mit verschiedenen Verstärkungsgraden und verschiedenen Zeitverzögerungen und durch nachträgliche Addition die Aufzeichnung von

$$\overline{S}(T) = S(T) - 2 \sum_{\mu=1}^{n} R_{A\mu} \cdot S(T - T_{A\mu})$$

bilden, wobei T die Zeit, die seit dem Schußmoment verflossen ist, $T_{A\mu}$ die Einsatzzeiten derjenigen besonders starken Reflexionen, die Veranlassung zur Bildung von multiplen Reflexionen geben, und $R_{A\mu}$ eine Konstante bezeichnen.

Hierbei ist R_{Av} eine Konstante mit $(R_{Av}) < 1$, die durch den Reflexionskoeffizienten, der zu A_v gehört sowie durch den Absorptionsvorgang auf dem Weg Schuß–Horizont A_v–Erdoberfläche gegeben ist.

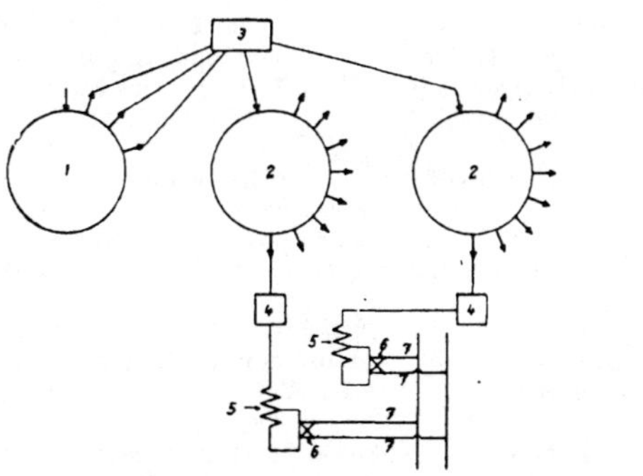

Die Wirkungsweise des Gerätes ist aus der Abbildung ersichtlich.

Ein langsam rotierendes Magnetband (1) ist mit (n + 1) schnell rotierenden Bändern (2) gekoppelt, wie sie beim „magnetic delay line filtering" bisher üblich sind. Eine Schaltvorrichtung (3) ermöglicht es, jeden Abnahmekopf von (1) mit einem oder mehreren schnell rotierenden Bändern, eventuell unter Zwischenschaltung von Verstärkungsvorrichtungen, zu verbinden. Vorzugsweise sollen die Abnahmeköpfe des langsam rotierenden Bandes einen zeitlichen Abstand von 0,1 sec besitzen und die der schnellen Bänder einen solchen von 0,004 sec. Wenn das langsam rotierende Band 20 Abnahmemöglichkeiten und die schnell rotierenden je 25 Abnahmemöglichkeiten besitzen, läßt sich offenbar jedes vorkommende $T_{A\mu}$ zwischen 0 und 2 sec mit einer Genauigkeit von $\pm 0{,}002$ sec einstellen. Die Abnahmeköpfe von (2) sind natürlich in üblicher Weise mit Demodulatoren (4), Potentiometern (5) und Umkehrschaltern (6) versehen, und die Endausgänge (7) sind miteinander verbunden.

Versieht man die schnellen Bänder (2) mit 50 Abnahmeköpfen anstatt mit 25 und behält den zeitlichen Abstand von 0,004 sec bei, so hat man die Möglichkeit, die Aufzeichnung

S(T) mit einer Filterung zu verbinden, und zwar könnte man jeden Ausdruck $S(T - T_{A\mu})$ offenbar in eigener Weise filtern.

Dieses Verfahren führt ohne weiteres zum Ziel, wenn mit ungeregelter oder nach einem Exponentialgesetz geregelter Seismogrammaufzeichnung gearbeitet wird. Wird jedoch mit automatischer Regelung registriert, so besteht das Verfahren darin, daß aus der automatisch geregelten Aufzeichnung $\hat{S}(T)$ mit der jeweiligen Verstärkung G(T) durch Umspielen mit verschiedenen durch G(T) gesteuerten Verstärkungsgraden und verschiedenen Zeitverzögerungen und durch nachträgliche Addition die Aufzeichnung

$$\hat{S}(T) = \hat{S}(T) - 2 \sum_{\mu - 1}^{n} R_{A\mu} \frac{G(T)}{G(T - T_{A\mu})} \cdot \hat{S}(T - T_{A\mu})$$

gebildet wird, wobei T die Zeit, die seit dem Schußmoment verflossen ist, $T_{A\mu}$ die Einsatzzeiten derjenigen besonders starken Reflexionen, die Veranlassung zur Bildung von multiplen Reflexionen geben, und $R_{A\mu}$ Konstante bezeichnen, und daß G(T) oder eine beliebige umkehrbar eindeutige Funktion f[G(T)] auf einer Extraspur der Seismogrammaufzeichnung registriert wird.

Es ist aber auch möglich, daß als Funktion f[G(T)] die Funktion lg G(T) auf einer Extraspur der Seismogrammaufzeichnung registriert und bei Abspielung durch (n + 1) verschiebbare Köpfe abgenommen wird, von deren Ausgängen nach eventueller Demodulierung und Mischung Spannungen von der Größe

$$\lg G(T) - \lg G(T - T_{A\mu})$$

gebildet werden, die über eine Röhre mit exponentieller Kennlinieauf $\hat{S}(T - T_{A\mu})$ einwirken. FRIEDEMANN

Wasserwirtschaftliche Probleme in Ghana

Für die junge unabhängige Republik Ghana sind die wasserwirtschaftlichen Probleme von erstrangiger Bedeutung. Während die Versorgung der Städte durch moderne Wasserwerke, die sich teils auf Anstauungen in den Flüssen, teils auf Oberflächenwasser stützen, einigermaßen gesichert ist, ist die Landbewässerung noch sehr verbesserungsbedürftig. Wie H. KITTNER in „Wasserwirtschaft—Wassertechnik", Nr. 4, 1961, berichtet, könnte in vielen Gebieten der fruchtbare Boden bei genügender Bewässerung mehrere Ernten im Jahr hervorbringen. Umfangreiche wasserwirtschaftliche und landwirtschaftliche Untersuchungen zur Ermittlung der bewässerungswürdigen Flächen und der Wahl des Bewässerungssystems sind im Gange. Die Regierung führt auch ein ausgedehntes Bohrprogramm zur Erschließung der ziemlich spärlichen Grundwasserhorizonte durch. Die meist mit der Hand in schweren Mergelboden gegrabenen Schachtbrunnen, die wenig ergiebig sind, werden mehr und mehr durch maschinell gebohrte, einwandfrei gefaßte und mit Kolbenpumpen versehene Filterbrunnen ersetzt. In vielen Dörfern muß das Wasser in der Trockenzeit aus großen Entfernungen herangeholt werden. Die hydrogeologischen Vorarbeiten für das großzügige Programm werden nach modernen Methoden durchgeführt. Ha.

Neuer Plastbelag für Talsperren

Beim Bau der Suorva-Talsperre in Lappland soll ein neuer Plastbelag angewandt werden. Entsprechend den Plänen soll der gesamte Damm mit einer dichten Plasthülle überzogen und so gegen die schädigenden Einflüsse des Eises und des Wassers geschützt werden. Die Techniker nehmen an, daß der Plaststoff diese Aufgabe besser als eine Betonhülle erfüllen kann. Ein Teil des Dammes wurde bereits probeweise mit Plast ausgekleidet. Die dabei gewonnenen Erfahrungen sollen auf den gesamten, 400 m langen Staudamm übertragen werden. Darüber hinaus wurden auch bereits einige der großen Turbinenschaufeln in anderen Kraftwerken des Landes versuchsweise mit einer harten Plastschicht umkleidet. Diese Plasthülle soll die Schaufeln ausgezeichnet gegen den harten Anprall des herabstürzenden Wassers schützen. He.

Kurznachrichten

In dem Ende 1960 entdeckten **Erdölfeld Groß-Hamburg** traf eine zweite Sonde den 4 m mächtigen ölführenden Speicher (Dogger β) in 2050 m Tiefe an. Das Bohrloch liefert täglich 28 m^3 Rohöl.

Aus dem neuentdeckten **Erdölvorkommen** bei El-Gassi und El-Agreb in der **Sahara** wird eine Jahresproduktion von 0,5 Mill. t Rohöl erwartet. Das Öl wird durch eine 120 km lange Rohrleitung bis Hassi-Messaoud transportiert.

Argentinien hat Ende 1960 die Selbstversorgung mit **Erdöl** und Erdgas erreicht und im ersten Quartal 1961 bereits Überschüsse an Benzin und Heizöl für den Export erzielt.

Bei Michalovce (**Ostslowakei**) ist mit sowjetischen Turbinenbohranlagen in 600 m Tiefe eine **Erdgaslagerstätte** erbohrt worden. Das Gas wird chemische Werke in Strazske und Eisenwerke in Košice versorgen.

Die bisher **längste unter Wasser verlegte** elastische **Erdgasleitung** der Welt wird Britisch-Kolumbien mit der 84 km entfernten Insel Vancouver verbinden. Sie muß bis 250 m tief versenkt werden und soll täglich 1,5 Mill. m^3 Erdgas befördern.

Das Gaswerk von **Lacq** (Südfrankreich), aus dem ab 1961 jährlich 4 Mrd. m^3 Methan gewonnen werden sollen, wird nach vervollständigtem Ausbau die **größte Schwefelproduktion der Welt** besitzen, da aus dem Rohgas jährlich 1400000 t Schwefel gewonnen werden können.

Während die **indische Kohlenförderung** um die Jahrhundertwende nur 6,2 Mill. t betrug, wurden 1955 bereits 38,8 und 1960 50,5 Mill. t gefördert. Für 1961 ist der Abbau von 60 Mill. t, für 1966 eine Kohlenförderung von 95 Mill. t vorgesehen.

In Svappavara, nördlich des Polarkreises, wird mit einer Investition von 160 Mill. Kronen die **drittgrößte Eisenerzgrube Lapplands** entstehen, von der eine Jahresförderung von 3 Mill. t erwartet wird. Die Förderung von Malmberget, der zweitgrößten Grube, soll von bisher 2 bis 3 auf 6 Mill. t gesteigert werden.

Die schwedische Grängeberggesellschaft hat mit der Sowjetunion einen Vertrag über Lieferung von 135000 t geschweißte **Stahlrohre** (45000 t Röhren jährlich) von 1 m Durchmesser **für Öl- und Gasfernleitungen** abgeschlossen.

In der Republik **Mauretanien** ist mit der Erschließung der **Kupfererzvorkommen** von Akjoujt, und zwar zunächst der oxydischen Erzvorräte von 7,5 Mill. t mit einem Kupfergehalt von 2,8%, begonnen worden.

Pakistan hat mit der **Sowjetunion** ein **Abkommen** über die Erschließung von Erdöl- und Mineralvorkommen des Landes abgeschlossen.

Das erste große europäische Gezeitenkraftwerk wird 1962 bei Dinard an der französischen Westküste, wo die Differenz von Ebbe und Flut mit 12 m das Weltmaximum erreicht, errichtet werden. Das Werk soll jährlich 550 Mill. kWh erzeugen.

Der Grundstein für die erste Großanlage zur Gewinnung von **Trinkwasser aus dem Meere** wurde am 29. März 1961 in der israelischen Hafenstadt Eilath am Roten Meer gelegt. Das Werk wird Süßwasser zum bisher niedrigsten Preis von weniger als 1 $ für 4 m^3 Wasser herstellen.

Die sowjetische Expedition mit dem Forschungsschiff „Witjas" hat in dem bis 7500 m tiefen **Java-Graben** einen tätigen **Vulkan** von 3500 m Höhe über dem Meeresboden entdeckt.

Eine Bohrung zwischen Mexiko und der Insel Guadelupe, die in 3510 m Meerestiefe 168 m in den Boden eindrang, förderte **Basalt aus dem Miozän**, dessen Alter noch genauer bestimmt werden soll.

GEOLOGIE

Zeitschrift für das Gesamtgebiet der Geologie und Mineralogie sowie der angewandten Geophysik

Herausgegeben von der Staatlichen Geologischen Kommission der Deutschen Demokratischen Republik

Wie aus dem Untertitel der Zeitschrift hervorgeht, werden Originalarbeiten aus dem Fachgebiet der Geologie, Mineralogie, Petrographie, Lagerstättenkunde, Paläontologie, angewandten Geophysik, Geochemie und Hydrogeologie veröffentlicht. Neben den Originalaufsätzen, die den Hauptteil der Hefte bilden, erscheinen Berichte über wissenschaftliche Tagungen, Referate und Buchbesprechungen. Ab Heft 1 des Jahrganges 1961 werden die Originalbeiträge mit fremdsprachigen Zusammenfassungen veröffentlicht.

Dem Redaktionskollegium gehören an: Prof. Dr. W. BUCHHEIM, Freiberg; Prof. Dr. K. v. BÜLOW, ROSTOCK; Dr. habil. R. DABER, Berlin; Prof. Dr. F. DEUBEL, Jena; Prof. Dr. E. KAUTZSCH, Berlin; Prof. Dr. H. KÖLBEL, Berlin; Prof. Dr. R. LAUTERBACH, Leipzig; Prof. Dr. O. OELSNER, Freiberg. Die Chefredaktion liegt in Händen von Prof. Dr. K. PIETZSCH, Freiberg.

Anfang September findet in Warschau der VI. Internationale Kongreß der INQUA statt. Aus diesem Anlaß erscheint die GEOLOGIE als Doppelheft mit überwiegend quartärgeologischen Aufsätzen. Dieses Heft 4/5 enthält u. a. folgende Beiträge:

H.-L. HECK — Glaziale und glaziäre Zyklen
O. GEHL — Neue Ergebnisse über das marine Eem und zur Gliederung des Jungpleistozäns in NW-Mecklenburg
A. LUDWIG — Beitrag zur Stratigraphie des Pleistozäns an der deutschen Ostseeküste
M. HANNEMANN — Neue Beobachtungen zur Entstehung und Entwicklung des Berliner Urstromtals zwischen Fürstenwalde (Spree) und Fürstenberg (Oder)
H. LEMBKE — Glazial, Periglazial und die eiszeitliche Schneegrenze im Harz
L. EISSMANN — Zur Gliederung des Mindelglazials Sachsens und des angrenzenden Gebietes westlich der Elbe
H. BRAMER — Bemerkungen zum Problem der Aufpressungs-Oser
H.-D. KAHLKE — Revision der Säugetierfaunen der klassischen deutschen Pleistozän-Fundstellen von Süßenborn, Mosbach und Taubach
K. DIEBEL — Ostracoden des Paludinenbank-Interglazials von Syrniki am Wieprz (Polen)
G. BEHM-BLANCKE — Das Paläolithikum in Thüringen

Die Zeitschrift GEOLOGIE erscheint achtmal im Jahr. Der Preis beträgt bei einem Format von 17 × 24 cm je Heft DM 4,—, Doppelheft DM 8,—

Bestellungen durch eine Buchhandlung erbeten

AKADEMIE-VERLAG · BERLIN

In den nächsten Heften der

Zeitschrift für angewandte Geologie

erscheinen u. a. folgende Beiträge:

K. TRÖGER: Wasserbohrungen an der Nossener Brücke in Dresden-Altstadt
H. HÄHNICHEN & R. POHLENZ: Ingenieurgeologische Kartierungen bei Talsperrengründungen in Felsgesteinen
Ch. M. ABDULLAJEW: Die petrometallogenetischen Reihen der magmatischen Gesteine und die endogene Erzbildung
M. LEHMANN: Die erdmagnetische Regionalvermessung des Granulitgebirges und des Frankenberger Zwischengebirges
D. ANDREAS & G. HECHT: Die induzierte Polarisation als Bohrlochmeßverfahren bei der Buntmetallerkundung
J. VRBA: Darstellungsmethoden der hydrochemischen Verhältnisse auf hydrogeologischen Karten
W. JAEGER: Geologisch-geophysikalische Untersuchung des Phonoliths von Hammerunterwiesenthal (Erzgebirge)
M.-A. ISKENDEROW: Zur Projektion des Abbaus von Gaskondensatlagerstätten
K. H. BERNSTEIN: Zum Grunddiagramm Sand-Ton-Karbonat
S. GROSSE: Die Abbildung des Reliefs der Oberkreide bei geringmächtiger Bedeckung in refraktionsseismischen Meßergebnissen
E. KAGE: Die Magnetbandtechnik in der Reflexionsseismik für die elektronische Auswertung

Wir fertigen:

1. Geophysikalische Geräte,

wie Geomagnetische Feldwaagen zur Messung der Vertikal- und Horizontal-Intensität

Neuheiten

Standardapparatur Rx 61 für Refraktions- und Reflexions-Messungen
Erzprospektor zum Aufsuchen von Erzlagerstätten
Kombinierte Feldwaage mit O-Methode

2. Elektrische Meßgeräte,

wie Koordinatenschreiber
Spiegel- und Blockgalvanometer
Lichtmarkengalvanometer mit und ohne Registriergerät

Neuheiten

Lichtmarkengalvanometer 2spurig
Scheibenblockgalvanometer
Langsamschwingendes Spiegelgalvanometer Type H1 – L1

VEB Geophysikalischer Gerätebau

Brieselang (Kreis Nauen)

Forstweg 1 — Telefon: Brieselang 138

Herausgeber: Staatliche Geologische Kommission und Zentrale Vorratskommission für mineralische Rohstoffe der Deutschen Demokratischen Republik. Chefredakteur: Prof. Dr. Erich Lange, Berlin. Redaktion: Berlin N 4, Invalidenstraße 44. Verlag: Akademie-Verlag GmbH, Berlin W 8, Leipziger Straße 3–4 (Fernsprecher 220441, Telex 011773, Postscheckkonto: Berlin 35021). Bestellnummer des Heftes 1047/7/8. Die „Zeitschrift für angewandte Geologie" erscheint monatlich. Bezugspreis 2,– DM je Heft. – Satz und Druck: Druckhaus „Maxim Gorki", Altenburg. Veröffentlicht unter der Lizenznummer ZLN 5008 des Ministeriums für Kultur. Karten: MdI der DDR Nr. 6152, 6364, 6459, 6561, 6584, 6739/K 11.

Verbessertes Modell: POLADUN IV M

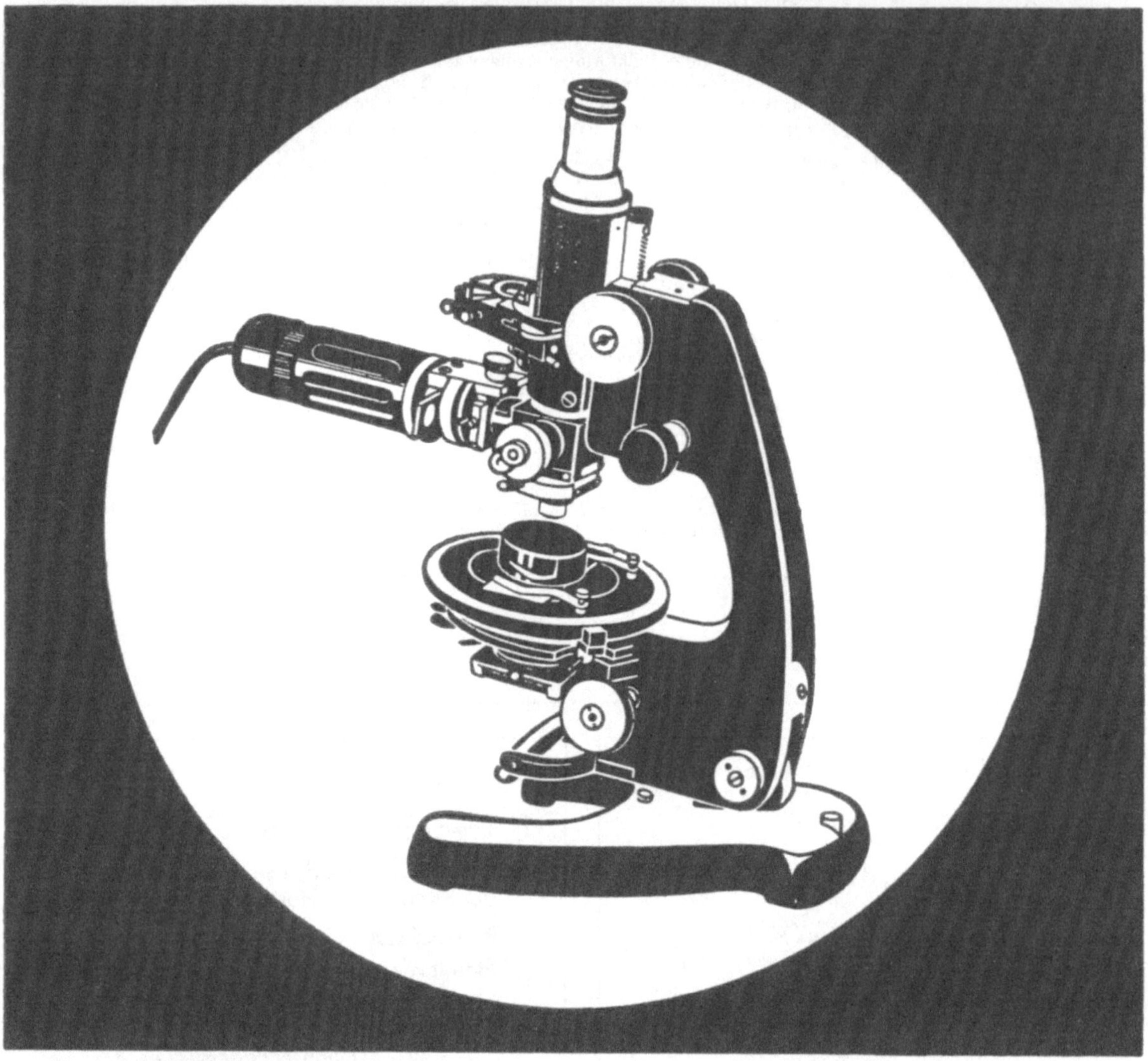

Mittleres Polarisations–Arbeitsmikroskop
für Geologen, Mineralogen und Wissenschaftler ähnlicher Fachrichtungen

Für polarisiertes und unpolarisiertes Auf- und Durchlicht
Übergang vom Auflicht zum Durchlicht und umgekehrt schnell durchführbar
Beleuchtungsansatz für optimale Lichtausnutzung. Qualitätsoptik. Einfache Handhabung

Erweiterte Anwendungsmöglichkeiten durch:
Elektrische Integriervorrichtung ELTINOR, Universaldrehtisch nach Fedorow,
Drehkompensator nach Ehringhaus, Aufsatzokular, zusätzliche Objektive und Sonderokulare

Für Ausbildungszwecke und bestimmte Arbeiten empfehlen wir das Kursmodell POLADUN II M

VEB RATHENOWER OPTISCHE WERKE · RATHENOW

ROW Rathenow

Exporteur: Deutsche Export- und Importgesellschaft Feinmechanik-Optik m.b.H.,
Berlin C 2, Schicklerstraße 7 Deutsche Demokratische Republik

FSC
www.fsc.org
MIX
Papier | Fördert
gute Waldnutzung
FSC® C083411

Zeitfracht Medien GmbH
Ferdinand-Jühlke-Straße 7
99095 Erfurt, Deutschland
produktsicherheit@kolibri360.de